YANGZHU BIAOZHUNHUA
CAOZUO GUICHENG

养猪标准化操作规程

新希望集团有限公司　编

中国海洋大学出版社
·青岛·

图书在版编目（CIP）数据

养猪标准化操作规程 / 新希望集团有限公司编.—青岛：
中国海洋大学出版社, 2019.6
　ISBN 978-7-5670-2265-2

　Ⅰ.①养… Ⅱ.①新… Ⅲ.①养猪学－教材 Ⅳ.①S828

中国版本图书馆CIP数据核字(2019)第122997号

出版发行	中国海洋大学出版社	邮政编码	266071
社　　址	青岛市香港东路 23 号		
出 版 人	杨立敏		
网　　址	http://pub.ouc.edu.cn		
责任编辑	王　慧	电　　话	0532-85901040
电子邮箱	shirley_0325@163.com		
印　　刷	青岛国彩印刷股份有限公司		
版　　次	2019年7月第1版		
印　　次	2019年7月第1次印刷		
成品尺寸	185 mm × 260 mm		
印　　张	8.25		
字　　数	183千		
印　　数	1~3300		
定　　价	49.00元		
订购电话	0532-82032573（传真）		

发现印装质量问题，请致电0532-88194567，由印刷厂负责调换。

新型职业农民——绿领培训系列教材

编 委 会

主　　任　刘　畅
副 主 任　李建雄　邓　成　闫之春
主　　编　王维勇
副 主 编　孟　佳
策　　划　新希望集团有限公司

《养猪标准化操作规程》参编人员

肖春阳　石兴山　张　磊　黄春雷
梁化梅　邱　爽　张建民　王艳龙
刘子坤　刘树亭　周成海　鹿淑梅
刘庆新

序　言

　　"绿领"这一概念是由新希望集团董事长刘永好首次提出的。拥有现代化意识、掌握现代化技术、勤劳致富的新型职业农民就是"绿领"！如何让广大劳动人民从"土里刨食的庄稼汉"变身为"土里掘金的新农民"？这就必须依靠乡村振兴！乡村振兴，企业同行。新希望集团积极响应国家号召，计划利用5年时间，完成10万新型职业农民培训。通过培训从根本上改变农民的传统思维模式，引导传统农业产业向现代农业产业转变，打造"绿领"阶层，播撒希望的种子，促进乡村振兴。

　　从一颗小小的鹌鹑蛋起步，经过36年栉风沐雨，新希望集团布局畜牧业各个环节，从饲料加工到畜禽养殖，再到食品生产，实现了全产业链发展；从八位一体的金融担保体系到养殖服务公司，新希望集团为广大养殖户朋友从资金和技术两方面保驾护航。与此同时，新希望集团始终走在科技前沿，引领先进技术。公司相继成立了养猪研究院、养禽研究院、食品研究院、饲料研究院等，为培训积蓄力量，助农牧业蓬勃发展。

　　时间的脚步匆匆，一年的培训旅程即将走完，培训的星星之火在全国范围内已呈燎原之势。结合近一年来新农民培训的经验，我们特意编写了畜禽养殖标准化操作规程系列教材。本系列教材由新希望集团资深专家编写，重实战，技术含量高。同时，本系列教材图文并茂，语言通俗易懂，具有趣味性。"爱心+科学"，"实战+趣味"，这一系列教材是多年养殖经验的结晶，是盛开在广袤田野上的"希望之花"。

　　本教材是新希望集团的养殖系列教材的一部"养猪大百科"，全面涵盖了后备舍、配种舍、公猪舍、分娩舍和保育育肥舍五个重要环节，共计28项技能流程，基本可以满足养猪场的实际需要。教材实用性强，既适用于养殖人员学习技术操作标准，又可以规范一线员工生产管理行为。

　　新希望人一直在努力！根深才能叶茂，一家永远立足农村、立足农业、立足农民的企业，必将在人才、技术和资金上加大投入，振兴农牧业，为建设社会主义新农村培养更多合格的"绿领"！

　　"美丽乡村瞳瞳日，富康安居家家乐。"中国新农村的愿景就是新希望心之所向！

目　录
CONTENTS

第一章 后备舍管理

后备母猪作为猪场的未来，在猪场中起到举足轻重的作用。当前在猪生产中存在的母猪利用率低（淘汰率高）、生产性能差、二胎综合征等问题都与后备母猪的管理有关。因此，后备母猪管理得好与坏，直接决定着母猪终生的繁殖性能和猪场的盈利能力。

后备舍管理涉及后备母猪的选育、引种、隔离驯化、诱情管理和饲喂管理等方面。本章主要围绕后备母猪的隔离驯化、诱情管理和饲喂管理方面的技术操作进行介绍。

第一节 后备母猪隔离驯化

新引入的后备母猪如果直接与本猪场的猪群混群，可能会将引种场的疾病带进本猪场。因此，新进后备母猪需要在专门的隔离舍进行充分的隔离，这是保证猪群健康的前提。同时，引种场的猪群健康状况必须优于或者与已有猪群相同。

隔离结束后，后备母猪需要进行驯化，使其逐渐暴露于本场猪群存在的病原微生物环境中，这样可使其逐步提高免疫力，降低其发病风险，以保证能向配种舍提供稳定的后备猪。

一、后备母猪隔离驯化的原因

1. 后备母猪为什么隔离

（1）新引入的后备母猪是最主要的潜在感染源。隔离可以保护本场猪群，避免引入某些病原而造成巨大经济损失。

（2）隔离可以让引入后备母猪尽快从运输和环境改变的应激中恢复过来，尽快适应本场环境，有利于在驯化期建立完整的免疫应答。

2. 后备母猪为什么要驯化

（1）让后备母猪有节制地与本场猪群接触，逐渐暴露于本场猪群的病原微生物环境中，使后备母猪逐步对本猪场现存疾病产生免疫力。

（2）确保向配种舍提供足够的合格后备母猪，更好地完成配种目标。

3. 后备母猪免疫力与驯化的关系

后备母猪对本场猪群病原微生物的免疫力很低，需要在驯化过程中逐步建立其免疫力。

驯化目标是使引入的后备母猪达到与本场种猪基本一致的抗体水平，使其与本场猪群的主要几种疾病的抗原和抗原谱值相当，从而大大降低疾病的发生概率。

二、常用驯化方法

用母猪或仔猪粪便进行接触感染、与淘汰母猪混群、返饲是猪场最常用的自然感染驯化方法（图1-1）。疫苗接种是后备母猪驯化中必不可少的一步。

1. 自然感染

（1）可用产房母猪或仔猪的粪便与引进的后备母猪接触，1天1次持续1~2周。如果原猪场有猪痢疾、C型魏氏梭菌病、猪丹毒和球虫病，则不能用粪便进行接触感染。

（2）通过潜在病原直接接触。按1:5~1:10的比例将淘汰母猪与后备母猪进行混养，每隔一周换一批，使用过的淘汰母猪不允许回到原来猪群。

（3）采用含有特定病原（如PED）的新发病仔猪肠道、人工攻毒（人工感染特定病原）的仔猪肠道或母猪的胎盘对后备母猪进行特定疾病的驯化，保证后备母猪产生均衡的免疫力及抗体。但若有繁殖性疾病（如蓝耳病、伪狂犬病等），返饲（经处理后饲喂给后备母猪）需谨慎，需对病料（含特定病原的肠道、胎盘）进行检测。

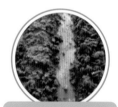

- ■ 粪便
  - ● 产房母猪、仔猪粪便
- ■ 淘汰母猪
  - ● 3~5胎
  - 混群比例：1:5~1:10
  - 每隔一周换一批
- ■ 返饲
  - ● 产房发病仔猪肠道或者人工攻毒的仔猪肠道

图1-1　常用驯化方法

2. 疫苗接种

（1）后备母猪免疫程序可以根据猪场特定的健康状态、猪场流行病学及疾病压力，进行适当调整（图1-2）。

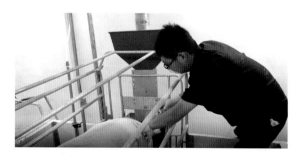

图1-2　母猪免疫

（2）要求在100~160日龄(选种到诱情前）完成大部分常规免疫（表1-1）。保证在配种前完成全部免疫，并做好免疫记录。

表1-1 后备母猪免疫程序

疫苗	剂量/头	日龄	免疫方式
蓝耳疫苗	1头份	106	肌注
伪狂犬疫苗（弱毒苗）	1头份	112	肌注
猪乙型脑炎疫苗	1头份	118	肌注
猪细小病毒疫苗	3毫升		
口蹄疫疫苗	2毫升	124	肌注
猪瘟疫苗	2头份		
圆环疫苗	1头份	130	肌注
蓝耳疫苗	1头份	136	肌注
伪狂犬病疫苗（灭活苗）	1头份	142	肌注
猪乙型脑炎疫苗	1头份	148	肌注
猪细小病毒疫苗	3毫升		
口蹄疫疫苗	2毫升	154	肌注
猪瘟疫苗	2头份		

三、隔离驯化

1. 隔离驯化时间

隔离一般在引进猪后持续4周，防止外部猪场病原微生物感染本猪场。驯化应在充分的隔离结束后进行，需要有节制、有步骤地将后备母猪暴露于病原微生物中，同时制定恰当的免疫制度。驯化时间应持续4~8周（图1-3）。

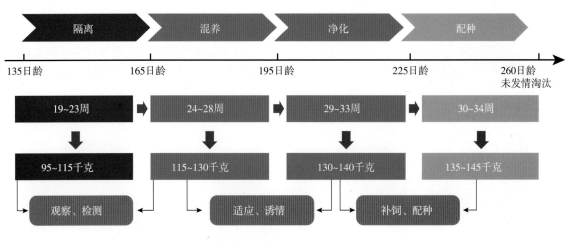

图1-3 隔离驯化时间

2. 隔离驯化流程

（1）对后备母猪的隔离要求如下。

①隔离舍（图1-4）必须采用"全进全出制"并彻底清洗消毒。隔离舍离场区最少50米，处于场区的下风向，环境设置尽量与引种场一致。

图1-4　隔离舍

②为减少应激，建议采用引种场的饲料，并根据实际情况给予保健药品或抗生素。

③后备舍最好配置专门人员进行管理，所有工具单独使用。

④隔离时间最好为4周。

（2）隔离4周期间，兽医的工作如下。

①进猪7天和隔离结束时各给猪采血1次，检测相关疾病情况（图1-5）。

图1-5　血样检测

②进行临床健康检查，确保猪场中没有出现新的疾病。

（3）隔离4周后，如果隔离的后备母猪所有的健康检查结果均为阴性，就可以开始进行驯化程序。

（4）按前文所述的常用驯化方法对后备母猪进行自然感染驯化。用成熟公猪对后备母猪诱情也是一种驯化的方式。

（5）从100日龄开始，按照免疫接种方案和猪场的实际疾病情况对后备母猪实行免疫接种。

3. 注意安全

驯化多在大栏里进行，要注意人身安全，防止猪群攻击。涉及诱情，赶公猪时要注意安全，防止公猪攻击。

第二节 后备母猪诱情管理

越早发情的后备母猪其终生的繁殖力越高。目前，猪场大龄后备母猪初情期延迟的现象较为普遍，一定程度上影响了母猪繁殖效率。因此，在初情期前有计划地利用公猪进行诱情，以促使后备母猪尽早发情，是后备母猪饲养管理中的一项重要措施。

一、诱情的重要性

诱情可以使后备母猪更早地出现初情期。初情期越早，终生繁殖性能越高。没有诱情管理时，后备母猪表现静立发情的比例不高（表1-2）。合理的诱情管理，能够有效刺激后备母猪的发情表现，达到后备母猪培育的要求，为母猪终生高产奠定基础。

表1-2 诱情管理对静立发情的影响

公猪的刺激	静立反射/%
没有刺激	48
嗅和听	90
嗅、听、看	97
嗅、听、看、接触	100

后备母猪合格的配种要求是210~240日龄、体重达到135~145千克、第3次发情。第3次发情时再配种，体重、背膘都比较理想，哺乳期损耗就会比较低，会降低二胎综合征的发生，提高母猪终生的繁殖性能。

二、诱情公猪

诱情公猪（图1-6）的好坏直接影响后备母猪的诱情效果，进而影响后备母猪初情期的出现。

（1）公猪的年龄至少为10月龄以上，一般不超过3岁。

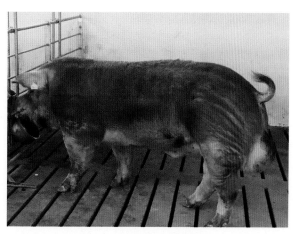

（2）精力旺盛、性欲强的公猪能够分泌充足的外激素刺激母猪发情；幼龄公猪、淘汰公猪和年老公猪的诱情效果很差，利用这些公猪诱情，会延迟后备母猪的初情期（图1-7）。

（3）公猪性情较为温驯，对操作人员无攻击性。

（4）按照公猪与母猪1:10的比例进行诱情，公猪越多越好。

图1-6 诱情公猪

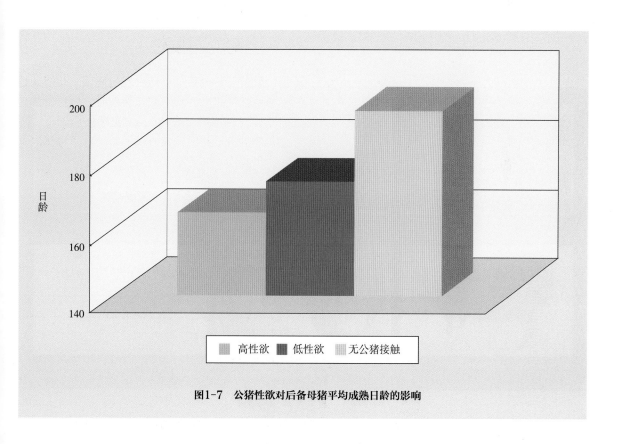

图例：高性欲　低性欲　无公猪接触

图1-7 公猪性欲对后备母猪平均成熟日龄的影响

三、如何诱情

1. 物料准备

诱情物料准备见图1-8。

　　a. 赶猪板　　　b. 记号笔　　　c. 记录本　　　d. 后备母猪

图1-8　诱情所需物料

2. 诱情时间

（1）日龄：在后备母猪160日龄时进行首次诱情。

（2）时间：每天固定同一时间。

（3）次数：每天2次（上、下午各1次），每次15~20分钟（平均每头母猪刺激1~1.5分钟）。

3. 注意问题

（1）分群时，尽量按个体大小进行划分。

（2）后备母猪在开始诱情前不接触公猪。

（3）诱情公猪不能连续工作超过一个小时，需要经常轮换公猪。

（4）对发情的后备母猪进行分群管理。

（5）诱情结束后，奖励公猪更有利于保持公猪的性欲。

4. 注意安全

赶公猪时，一定不要背对公猪，注意人身安全，防止被公猪攻击。

5. 诱情方法

（1）BEAR诱情栏（图1-9）。

①赶：将诱情公猪赶入BEAR栏，将后备母猪赶入查情区。

②刺激：人工辅助刺激母猪的敏感部位。

③标记：对发情母猪和对公猪感兴趣的母猪（疑似发情前期）进行标记。

④记录：记录发情的后备母猪。

⑤排序：对发情的后备母猪进行排序。

　a. 不同年龄、品种的公猪　　　b. 公猪转入诱情栏　　　c. 感兴趣的后备母猪寻找诱情公猪

　　　d. 猪的敏感部位　　　　e. 标记发情后备母猪　　　f. 记录并管理发情后备母猪

图1-9　BEAR诱情栏

（2）大栏诱情（图1-10）。

①赶：将诱情公猪赶入大栏。

②等：等公猪刺激母猪。

③刺激：诱情人员进入大栏，人工辅助刺激母猪的敏感部位。

④标记：标记发情及发情前期的母猪。

⑤记录：记录发情的后备母猪。

⑥赶回：诱情结束后，赶回公猪。

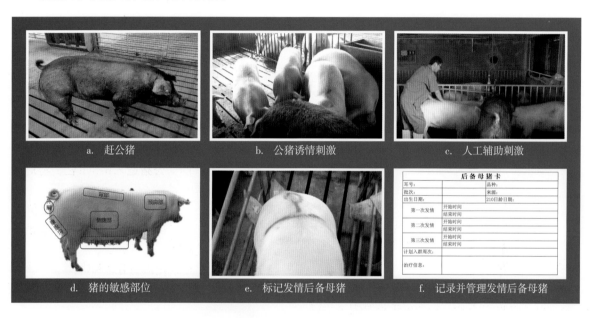

a. 赶公猪　　　　　　b. 公猪诱情刺激　　　　　　c. 人工辅助刺激

d. 猪的敏感部位　　　　e. 标记发情后备母猪　　　　f. 记录并管理发情后备母猪

图1-10　大栏诱情

第三节 后备母猪饲喂管理

饥肠辘辘，哪有心思干活！……

合格的后备母猪需要具备以下条件：210~240日龄，体重135~145千克，背膘16~18毫米，有3次发情。要想达到这样的条件，就需要做好后备母猪的饲喂管理。母猪只有营养合理，采食量恰当，才能达到理想的日增重，保持良好的健康状况。

一、后备母猪饲喂的目的

（1）确保后备母猪配种前达到适宜的体况。

（2）维持后备母猪适当的生长速度，日增重不低于590克，不超过850克，建议平均日增重660~750克。

（3）使后备母猪初情期更早，发情症状更明显。

（4）使后备母猪排出更多的优质卵泡。

二、标准饲喂图谱

后备母猪标准饲喂图谱如图1-11。

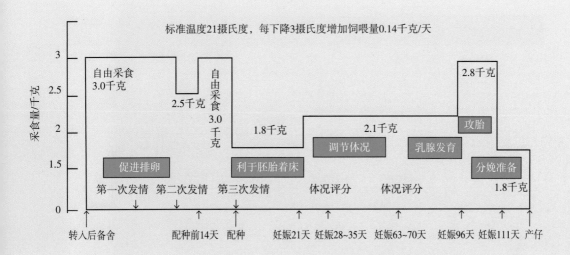

图1-11 后备母猪标准饲喂图谱（21摄氏度，配种时背膘为16~18毫米）

后备母猪饲喂要求如下。

（1）后备母猪首次配种前，保证其最大采食量，使其尽量自由采食（考虑到成本和后备母猪体况等因素，饲喂量一般控制在每天3.0千克左右）。

（2）控制生长速度，后备母猪日增重为660~750克/天。

（3）后备母猪引种后，选择全价优质后备母猪料。

（4）后备母猪转入限位栏后，一天至少饲喂2次，每次不低于1.8千克饲料（可适当增加）。

（5）后备母猪第一次配种时最佳体重为135~145千克。

三、如何饲喂

1. 物料准备

后备母猪饲喂物料如图1-12所示。

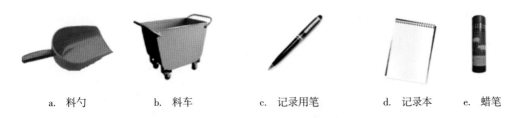

a. 料勺   b. 料车   c. 记录用笔   d. 记录本   e. 蜡笔

图1-12 饲喂所需物料

2. 不同阶段饲喂不同饲料类型

后备母猪不同生长阶段所需的营养水平不同，因此需要饲喂的饲料类型也不同（表1-3）。

表1-3 不同阶段所需饲料类型

不同阶段	饲料类型
60千克前	生长猪饲料
60千克~第2次发情前7天	后备母猪料
配种前14天	哺乳母猪料
配种后到90日龄	妊娠料
90日龄到分娩	哺乳母猪料

3. 注意事项

（1）在后备母猪生长的不同阶段选用不同的饲料。

（2）可通过感官评分、背膘测定、速测尺等评估母猪的体况。

（3）饲喂量受环境温度、地板类型等影响。标准温度为21摄氏度，环境温度每降低3摄氏度，饲喂量增加0.14千克/天。

（4）饲喂量还受母猪品种、饲料配方的影响。

（5）若用料线等饲喂系统，需定期校正容积重。

（6）每次饲喂结束后清理料槽剩料，防止剩料发霉变质。

4. 注意安全

猪尖叫时发出的噪音（图1-13），可达到110分贝，会造成听力损伤，需佩戴耳塞。应在其他工作进行前佩戴耳塞。

5. 饲喂方法

（1）从后备母猪引种到第2次发情前，尽量做到让母猪自由采食（图1-14）。

（2）后备母猪第2次发情后7天，饲喂量2.5千克/天（图1-15），配种前14天，让母猪自由采食，饲喂量一般控制在3.0千克/天（图1-16）。

（3）后备母猪配种到妊娠21天饲喂量1.8千克/天。

（4）后备母猪妊娠中期21~90天调整体况（饲喂量2.1千克/天）。

（5）后备母猪妊娠90天后进行攻胎（饲喂量2.8千克/天）。

图1-13 猪叫噪音

图1-14 第2次发情前自由采食

图1-15 第2次发情后7天限饲

图1-16 配种前短期优饲

第二章 配怀舍管理

配怀舍可以说是猪场的印钞机，在猪场效益方面的作用无可取代。管理上的一点失误，就可能导致猪场由盈利转成亏损。

配怀舍管理的主要目标就是保证尽可能多的母猪怀孕、产仔，同时对空怀、返情、流产等问题母猪及时进行处理，以减少非生产天数，从而提高母猪生产性能和使用寿命，降低淘汰率。

如何达成这样的管理目标呢？配种前应进行准确的发情检查，选择合适的配种时机，进行恰当的配种操作，以达到多受胎、高产仔的目标；配种后应及时进行返情和妊娠检查，尽早找出未受孕母猪，及时处理问题母猪，以降低母猪非生产天数。

母猪饲喂管理是决定生产性能的关键，涉及母猪的饲喂和饮水、环境管理等，需要格外关注。

本章主要围绕发情检查、人工授精、B超检测、母猪饲喂管理和背膘测定方面的技术操作进行讲解。

第一节 发情检查

　　猫发情"叫春"，猪也一样，发情时也有其特有的表现。了解猪的发情表现，有助于我们判断其排卵时间，确保能够适时输精，从而提高猪的配种质量。那么，对于猪的发情表现，大家了解多少呢？

　　母猪有固定的发情周期，一般为18~24天，平均21天。在母猪发情周期内的前15~18天，母猪的性活动不明显，而之后的几天，随着卵泡的迅速发育成熟和体内激素的变化，后备或经产母猪进入发情期，会出现静立反射并接受性行为或寻找公猪。在后备或经产母猪发情之前，有1天左右的发情前期。母猪成熟的卵子会在发情期的2/3时间点从卵巢里释放。卵子在输卵管里可存活8小时，这就需要我们把握合理的配种时间，以保证取得良好的配种效果。经产母猪一般会在断奶后3~5天发情。

　　想要快速地鉴别发情母猪，尤其是发情症状不明显的母猪，需要详细地了解母猪的发情表现，还要学会应用一些方法技巧。

一、母猪发情表现

1. 发情前期表现

发情前期指母猪发情期前的一段时间，平均持续1天。母猪发情前期表现（图2-1）如下。

（1）外阴肿胀变红。

（2）外阴流出水样液体。

（3）母猪爬跨或啃咬栏门。

（4）母猪会发出大的呼噜声或吼叫声。

如果群养，还会出现爬跨其他母猪，但不接受其他母猪爬跨。

a. 外阴肿胀发红

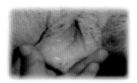
b. 外阴流出水样黏液

c. 爬跨或啃咬栏门发出吼叫声

图2-1 母猪发情前期表现

2. 发情期表现

后备和初产母猪发情期能持续1~2天，经产母猪发情期能持续2~3天。母猪发情期表现（图2-2）如下。

（1）外阴红肿减退。

（2）公猪在场时出现静立反射。

（3）外阴流出的黏液减少，较为黏稠。

（4）食欲不振。

（5）吼叫声或呼噜声较大。

（6）耳朵竖立。

（7）尾巴颤抖或上下摆动。

群养时母猪表现出喜欢饲养员的按摩，试图与公猪接触，喜欢闻其他母猪或公猪的腹部和肋部，当被其他公猪或母猪爬跨时有静立反射。

a. 外阴分泌物少并黏稠，红肿减退

b. 公猪在场时会出现静立反射

c. 耳朵竖立

d. 尾巴颤抖或上下摆动

图2-2 母猪发情期表现

二、发情检查目的

（1）可以根据母猪发情时间确定母猪配种时间。

（2）发情检查有助于减少母猪的非生产天数，降低猪场养殖成本。

（3）发情检查的准确性和输精质量直接影响母猪生产性能。

三、发情检查的公猪要求

（1）发情检查公猪（图2-3）需要2~3头，每2次发情检查时交换使用。

（2）公猪年龄在10月龄以上。

（3）性欲旺盛，体格健壮。

（4）性情温顺，无攻击性。

图2-3 发情检查公猪

四、发情检查流程

1. 物料准备

发情检查物料如图2-4所示。

a. 赶猪板   b. 记号笔   c. 记录本   d. 后备母猪

图2-4 发情检查所需物料

2. 发情检查顺序

（1）断奶母猪和合格后备母猪。

（2）妊娠检查为阴性的母猪。

（3）空怀母猪和流产母猪。

（4）配种后18~24天的母猪。

（5）妊娠检查为阳性而视觉妊娠检查为阴性的母猪。

3. 具体操作流程

母猪发情检查操作流程（图2-5）如下。

（1）将公猪赶到查情区域。

（2）让公猪与母猪鼻对鼻接触。

（3）用提、拉刺激母猪的敏感部位，观察母猪的反应。

（4）观察母猪外阴和黏液的变化。

（5）被骑跨时母猪不发出任何叫声.

（6）出现静立反射。

（7）确定发情的母猪，在其背部做好标记.

（8）做好发情记录。

a. 赶公猪

b. 公猪缓慢移动，与母猪鼻对鼻接触

c. 用提、拉刺激母猪的敏感部位

d. 观察外阴、黏液变化

e. 母猪被骑跨不发出任何叫声

f. 母猪静立，确定发情

g. 在发情母猪脊背做标记

h. 在发情记录本登记

图2-5 母猪发情检查流程

4. 注意安全

赶公猪时一定要用赶猪板，以防止公猪攻击人。公猪如果是单独饲喂，不能两头公猪同时驱赶，以防止公猪咬架。

第二节 人工输精

　　人工输精技术已在养猪业被广泛应用，其主要目的是获得优良的遗传资源，提高公猪的利用率，降低猪场公猪饲养成本。

　　人工输精操作（图2-6）要求工作人员必须充分了解猪的配种行为，并尽量模仿自然交配来完成配种工作。在人工输精操作中，工作人员必须配合公猪并模仿公猪的求爱行为，以便确定母猪是否进入静立发情期以及是否适合配种。同时，工作人员还需要根据发情持续时间来确定具体配种时间。人工输精最好的效果是让母猪感觉到是公猪在给它配种。

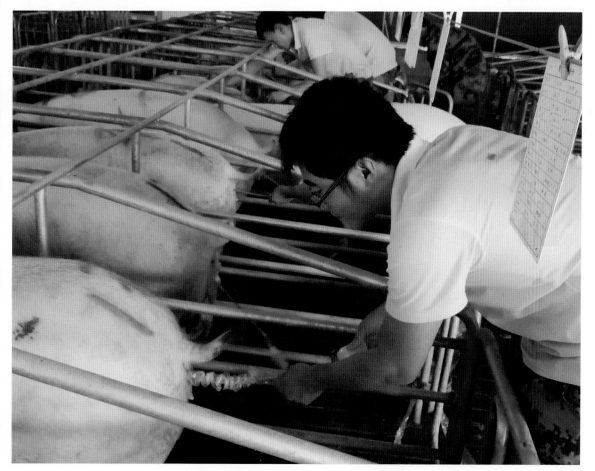

图2-6　人工输精操作

一、人工输精优点

（1）减少公猪的使用数量，提高公猪的使用效率，提高猪场经济效益。

（2）可根据猪场需要引进外部精液，有利于猪场品种的改良。

（3）防止猪场疾病的交叉感染，有利于疾病的防控。

二、人工输精关键点

（1）确定配种时间。

（2）人工输精操作需注意卫生。

（3）输精前，检查精液质量，丢弃活力低于70%的精液。

（4）输精管插入角度为斜向上45度，并在子宫颈锁定。

（5）输精时，要有公猪在场，并不断进行人工刺激。

三、人工输精操作

1. 物料准备

人工输精物料如图2-7所示。

a. 精液

b. 输精管

c. 赶猪板

d. 卫生纸

e. 输精质量评分细则

f. 记录本

g. 精液背夹

h. 润滑剂

i. 精液箱

j. 记号笔

k. 剪刀

l. 垃圾桶

图2-7　人工输精所需物料

2. 注意卫生

（1）人工输精卫生要求较高，需要格外关注。

（2）母猪的外阴不论干净与否，均需要用洁净卫生纸擦拭干净。

（3）确保输精管洁净卫生，一旦被污染，丢掉该输精管并换新管。

3. 注意安全

（1）赶公猪时，需要使用赶猪板，且不要背对公猪。

（2）不准粗暴地对待公猪，切忌使用棍、管子及电棍。

（3）输精时，避免猪对人的踩踏。

4. 人工输精操作流程

人工输精的具体操作流程如下图2-8。

a. 1头公猪对应4头母猪，鼻对鼻接触　　b. 用卫生纸擦干净外阴　　c. 将润滑剂均匀地涂抹到输精管头部

d. 斜向上45度插入输精管，插入后等待1分钟　　e. 轻轻摇匀精液，并将精液袋口与输精管相连　　f. 输精持续3~5分钟，并不断刺激母猪

g. 填写配种记录卡、配种质量评分表

图2-8　人工输精操作流程

5. 人工输精注意事项

（1）输精一般是在查情结束45~60分钟进行。

（2）输精时，需要公猪和输精人员的共同刺激，一直持续到输精结束后30秒~1分钟。

（3）输精前，需注意外阴卫生的清洁，避免污物带入子宫造成感染。

（4）为输精管涂润滑剂时，避免润滑剂堵塞输精管口。

（5）精液使用前需要摇匀，摇匀时动作要轻柔，切不可过于粗暴。

（6）输精时，充分刺激母猪让精液被自然吸入，避免人为挤压。

（7）输精结束，输精管继续停留母猪体内1分钟，使精液尽量被吸入，防止倒流。

（8）做好配种记录，出现异常要做好记录说明。

第三节　B超检测

在现代医学中B超检测是一种非手术的诊断性检查，通过回声成像可以清晰地显示各脏器及周围器官的断面像，图像富有实体感。B超检测可以对怀孕情况进行诊断，对受检者无损伤，无放射性。

在猪场生产中，可以在母猪妊娠的第25~35天通过B超进行孕检。B超检测可以帮助我们准确地判断母猪是否怀孕，检查胎儿发育是否正常。这样既有利于妊娠母猪的后期管理，又可以减少母猪非生产天数，在猪场管理中有重要意义。

B超检测可以在配种后35天内找出所有的空怀母猪。

一、B超检测的意义

1. 准确判定妊娠

配种后18~24天的查情，可找出60%以上没有受孕的母猪，而通过B超可找出90%以上的空怀母猪，好的B超技术员可找出99%以上的空怀母猪。

2. 缩短非生产天数

母猪妊娠视觉检测需要在配种后50~60天才可以估测是否怀孕，而B超检测可以在配种后35天内找出所有的空怀母猪，极大缩短了猪群非生产天数。还可以通过B超检测对妊娠后期空怀和有疑问的母猪进行检测，及时处理未怀孕母猪，减少空怀天数。

3. 提升母猪生产效率，提高经济效益

缩短母猪非生产天数提高了母猪年产窝数，同时减少饲料浪费，降低猪场生产成本。

二、B超工作原理及使用方法

1. 工作原理

探头（换能器）经压电效应发射出高频超声波，声波透入机体组织产生回声，回声又被换能器接收变成高频电信号后传送给主机，经放大处理于屏幕上，从而显现出被探查部位的二维切面声像图。B超工作原理流程图解（图2-9）如下。

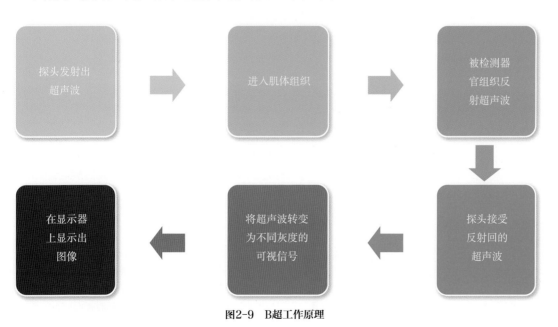

图2-9　B超工作原理

2. B超成像

（1）黑色：主要是液体，包括血液、羊水、组织间隙液、炎症病灶、孕囊（图2-10）等。

（2）白色：主要是密度较高的物体，包括骨骼（图2-11）、结石等。

（3）灰色：主要是实质性组织，包括肌肉、子宫（图2-12）、脏器等。

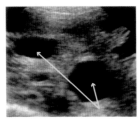 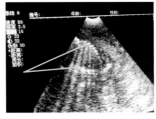 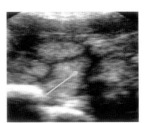

图2-10 孕囊　　　　　　图2-11 骨骼　　　　　　图2-12 空怀子宫

3. B超仪常用键说明

B超仪的常用键（图2-13）如下。

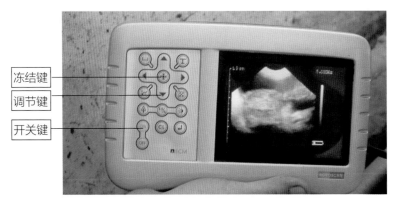

冻结键

调节键

开关键

图2-13 B超仪常用键

4. B超检测部位

猪的子宫属于双孕角子宫，所以母猪左右两侧均可以进行检测。具体检测位置在母猪腹部和后腿连接的无毛三角区(后腿前50毫米，乳头线上25毫米；图2-14）。

注：如果检测到有胚胎的话，就不用再检测另一侧了；如果没有检测到胚胎，需要对左右两侧都进行检测。

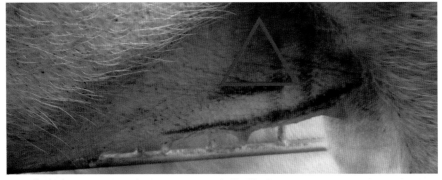

图2-14 B超检测位置

三、B超操作

1. 物料准备

B超检测物料如图2-15所示。

a. 记录用笔　b. 记录本　c. 记号笔　d. 卫生纸　e. B超仪器　f. 备用电源　g. 耦合剂

图2-15　B超检测所需物料

2. B超图谱

（1）妊娠20天影像（图2-16）：子宫形态饱满，实质性回声增强。孕囊已经形成，呈黄豆粒样大小，无回声。

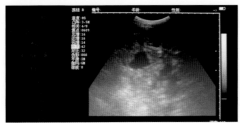

图2-16　妊娠20天影像

（2）妊娠23~25天影像（图2-17）：云状亮块以上为子宫区域。下图子宫区域内显示几个相邻孕囊，形态相对较规则，边缘较为粗糙，部分可显示胎体反射。

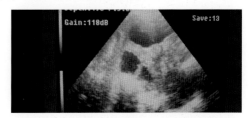

图2-17　妊娠23~25天影像

（3）妊娠26~30天影像（图2-18）：孕囊继续增大，充盈。子宫区域内显示几个相邻孕囊，可见较为明显的胎体反射影像。

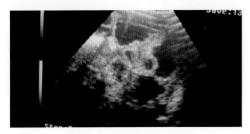

图2-18　妊娠26~30天影像

（4）妊娠30~35天影像（图2-19）：孕囊呈现相对规则的月牙状，胚芽较为明显，图像清晰，边界明显。

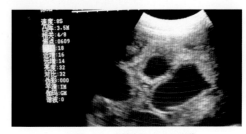

图2-19　妊娠30~35天影像

（5）妊娠40~60天影像（图2-20）：子宫形态饱满，实质性回声增强。无回声孕囊呈相对规则的月牙状，胚胎在无回声的孕囊中呈现高回声或者强回声。胚胎呈花生米粒样大小。

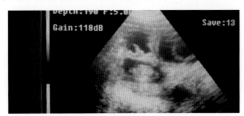

图2-20　妊娠40-60天影像

（6）60天以后的妊娠影像（图2-21）：子宫形态饱满，实质性回声增强。看不全胎儿的全貌，胃的容量变大，心跳频率稳健。胎儿骨骼发育，呈现出声影。

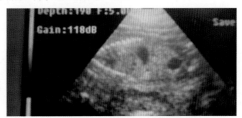

图2-21　妊娠60天以后影像

3. 操作流程

B超检测具体操作流程（图2-22）如下。

（1）戴：正确佩戴B超仪，左手握住显示屏，右手持探头，探头线从颈部宽松地绕过。

（2）查：查看母猪卡，找到需要测定的母猪（配种后25~35天），打开栏门。

（3）涂：在探头上涂抹耦合剂。

（4）找：查找测定位置（后腿前50毫米、乳头线上方25毫米的无毛三角区）。探头斜向前向上，与母猪背中线呈45度角，确定子宫位置进行扫描。

（5）调：轻微调整探头位置直到看到清晰的图像。

（6）标：对阳性和阴性母猪做好标记和记录。没有怀孕的母猪需要再测定一次，确认为阴性的母猪，待检测结束后统一赶回配种区。

a. 佩戴B超仪

b. 查找需要检测的母猪

c. 在探头上涂抹耦合剂

d. 找检测位置

e. 调整探头直到看到清晰的图像

f. 对阴性母猪进行标记

图2-22　B超检测操作流程

4. 注意安全

检测过程中，注意自身安全，避免被母猪踩踏。探头容易损坏，避免其被母猪挤压。

第四节 母猪饲喂管理

"暴饮暴食会生病，定时定量可安宁"，定时定量饲喂才能保证母猪的健康。猪需要恰当的营养与采食量来控制其体重和背膘的变化，以便充分发挥其遗传潜力，生产出更多的仔猪。

母猪的饲喂（图2-23）影响母猪生产各个方面，包括受胎率、产仔数、仔猪出生重、母猪的淘汰率及使用年限等。不同的生产阶段，需要不同的饲喂水平以满足营养需求。后备母猪配种前及经产母猪断奶后应充分饲喂以保持体重和背膘的增加；母猪妊娠前期应保持较低的饲喂水平，确保受精卵着床；妊娠90天起增加饲喂量，以防止母猪动用体储来满足胎儿的增长需要。

准确地把握母猪各阶段饲喂标准，妥善处理好各种影响因素，是养好母猪的前提。

图2-23 母猪饲喂

一、母猪饲喂管理目的

（1）保证后备母猪的发育和配种。

（2）维持妊娠期间不同阶段良好的体况和分娩背膘。

（3）提高仔猪的初生重和断奶重。

（4）提高母猪的生产效益。

二、饲喂管理

1. 物料准备

母猪饲喂物料如图2-24所示。

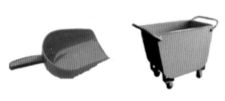

   a. 料勺   b. 料车   c. 记录用笔   d. 记录本   e. 蜡笔

图2-24　母猪饲喂所需物料

2. 根据背膘厚度调整饲喂量

（1）对背膘厚度16~18毫米的母猪，配种到妊娠21天饲喂量为2.1千克/天，妊娠22天开始2.3千克/天，妊娠90天开始3.0千克/天。

（2）背膘厚度14~16毫米的母猪，配种到第一次背膘测定时，饲喂量为2.8千克/天，以后根据体况测定调整。

（3）背膘厚度12~14毫米的母猪，配种到第一次背膘测定时，饲喂量为3.4千克/天，以后根据体况测定调整。

（4）妊娠110天饲喂量减少到1.8千克/天。

3. 妊娠母猪饲喂

妊娠母猪的饲喂要根据其不同阶段的饲喂目标确定其所需的饲喂量（表2-1）。

表2-1　妊娠母猪饲喂要求

阶段	饲喂量/千克	饲喂目标
断奶~配种	3.0	促发情，多排卵
配种~妊娠21天	1.8~2.1	利于胚胎着床
妊娠22~70天	2.2~2.4	体况调整
妊娠70~90天	2.2~2.4	乳腺发育
妊娠90~110天	2.8~3.0	攻胎
妊娠110天~分娩	1.8	预防难产

4. 注意事项

（1）母猪断奶后，自由采食，增加采食量可加速干乳（不能限饲）。

（2）母猪饲喂量受母猪的品种、品系、胎龄、妊娠阶段、温度、风速、地板类型等因素影响。

（3）每次饲喂后清理料槽剩料，防止剩料发霉变质。

（4）母猪的饮水量受温度和湿度的影响，一般情况下，妊娠期间冬天母猪每天的饮水量为6~7升，夏天为冬天的1.5~2倍。

6. 母猪饲喂方法

母猪饲喂的具体操作流程（图2-25）如下。

（1）检查料槽卫生。

（2）按照预定标准饲喂。

（3）观察母猪采食情况，标记不吃料母猪。

（4）根据体况调整饲喂量，开启绞龙重新加料。

a. 检查料槽卫生

b. 按饲喂标准饲喂

c. 观察母猪采食

d. 及时调整饲喂量

e. 开启绞龙加料

图2-25 母猪的饲喂流程

第五节　背膘测定

猪在不同时期的胖瘦情况（膘情）是不一样的，一般母猪断奶时背膘厚度差异会达到最大（图2-26）。断奶仔猪头数和母猪背膘厚度呈负相关，断奶仔猪数越多，母猪背膘损失越大，背膘厚度越小。

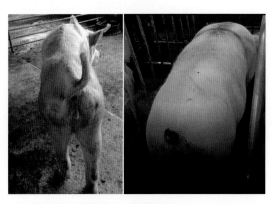

图2-26　母猪体况

一、背膘测定目的

（1）保持后备和经产母猪的种用体况，延长母猪使用年限。

（2）母猪体况较差会延长断奶-配种间隔，增加返情，降低下一胎产仔数，还会造成母猪的卵泡发育迟缓；但母猪过于肥胖容易导致难产、死胎增加。

（3）哺乳期体重损失和妊娠期间饲喂量不合理是导致母猪体况差异的最主要的影响因素。

（4）测定母猪不同时期背膘厚度，根据需要调整饲喂量，最大程度发挥母猪生产性能。

二、背膘厚度不同时期标准

母猪在不同时期的背膘厚度要求是不同的（表2-2）。一般来说，整个繁殖周期维持18~20毫米的背膘，有利于繁殖性能的充分发挥。

表2-2　不同时期母猪背膘厚度的参考标准

母猪不同阶段	背膘厚度参考标准/毫米
配种	16~18
妊娠30天	18~19
妊娠65天	19~20
妊娠107天	20~22
仔猪断奶时	16~18

三、背膘测定流程

1. 物料准备

背膘测定物料如图2-27所示。

a.　记号笔　　　　　　　b.　记录表

c.　耦合剂　　　d.　剪毛剪　　　e.　背膘仪

图2-27　背膘测定所需物料

2. 背膘测定时间

在妊娠期28~35天、63~70天、上产床时（110天左右）和下产床时（仔猪断奶时），共测定4次。

3. 测量部位

找到母猪的最后一根肋骨，从最后肋骨（左侧或右侧）垂直向上，在距离背中线左右两侧各6.5厘米处即为需要进行背膘测量的P2点。

4. 测定方法

背膘测定的具体操作方法（图2-28）如下。

（1）检查背膘仪是否可以正常使用，并用校正柱校正数值25。

（2）确保猪只正常站立，保持安静，避免猪只弓背或塌腰。

（3）找出母猪的P2点，并做好标记。

（4）剪掉P2点位置的被毛，尽量剪干净，必要时用温水擦洗去痂。

（5）在测量位置涂抹耦合剂，不要有气泡。

（6）测量时，左手按住电源开关打开背膘仪，右手食指和中指持握探头，把探头轻放在测量点上，并慢慢移动探头以挤出探头和皮肤之间的气泡。

（7）轻压并旋转探头，确保探头与皮肤垂直。测定时显示屏三个指示灯全部亮时说明测定完成，读出数值，并做好记录。

（8）左右两侧P2点数值均要检测，正常误差在±1毫米。

a. 检查设备是否正常

b. 校正柱校正值25

c. 找P2点

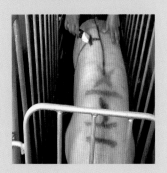

d. 剪毛

e. 涂耦合剂

f. 垂直皮肤读数

图2-28　背膘测定操作方法

5. 注意事项

（1）测定前，需用校正柱对仪器进行校正，确保仪器正常使用（图2-29）。

启动时，按下并按住按钮，显示屏会亮，瞬间显示"88"，校验仪器功能正常。显示"88"时左边三个指示灯也会亮一下，然后数字显示"0"，"0"出现时其余显示消失。

校正柱（图2-30）是用来校验仪器的，在探头或者塑料圆柱一端涂上油，另外一端不要接触任何物体表面。读数应该是25，湿度不同时读数有差异。这个仪器是晶体仪器，只要有读数就证明仪器内部没有问题。

a. 校验机器显示　　b. 校验后显示正常

图2-29　仪器校验

图2-30　校正柱

（2）若母猪胎龄较大，结痂或死皮较多，需提前清洗母猪皮肤或涂油软化。

（3）涂耦合剂时要均匀，确保探头与皮肤连接紧密，避免气泡产生。

（4）指示灯亮几盏，证明测量到几层背膘（图2-31）。如果不亮，证明皮肤接触不好，再多加点耦合剂，来回移动排出气泡。测定时，务必保持探头与皮肤垂直。

图2-31　背膘显示

第三章 公猪舍管理

俗话说："母猪好，好一窝；公猪好，好一坡。"由此可见，公猪在整个猪场生产中的重要作用。优秀的种公猪的引入，不仅可以改良猪群品种，提升猪的胴体品质，还可以提高猪群整体的生产性能。

对于家庭农场或者规模猪场来说，利用公猪进行本交（直接用公猪交配）已经成为一种辅助方式，更多的猪场采用的是人工授精。人工授精效果的好坏取决于公猪精液的品质，而精液品质除受公猪健康状况的影响外，还有最主要的影响因素，就是精液的采集和处理技术，这些是需要我们格外关注的。

本章主要围绕公猪的调教、精液的采集及精液的处理等生产环节的技术操作进行讲解。

表3-1　公猪生殖生理常数

类别	数据
性成熟期	6月龄
配种最早年龄	8月龄
每次射精量	200~400毫升
每毫升精液中精子数	1亿~2亿
精液pH值（酸碱度）	7.3~7.9
精液渗透压	0.59~0.63
精液活力（10级）	≥0.7
畸形率	<18%
到达受精部位的时间	6小时
精子在母猪生殖道存活时间	24~36小时

第一节　调教青年公猪

好树结好果，好种出好苗！

俗话说："引公猪不怕多花钱，满了猪圈肥了田。"后备公猪要达到优秀的种用价值，不仅需要良好的饲养管理和体况管理，还需要科学的调教方式，使其养成好的采精习惯，提供合格的精液。

为什么要调教青年公猪？因为经过调教，青年公猪可以在较早日龄形成爬跨假台畜的习惯，并能够习惯采精人员的各项操作，让采精人员更好地完成采精工作。

一、调教前的管理

（1）调教过程中，需要调教人员细心，有耐心，切记不可着急。否则，会对公猪造成一定的压力，反而影响调教效果。

（2）调教人员与公猪建立友好关系是相当重要的。在调教之前，必须花足够的时间与之交流，可以通过有规律的接触、抚摸、轻拍来完成。

（3）公猪在160~210日龄性行为表现明显，此时进行调教比较容易。

（4）饲养环境要干净卫生，温度18~21摄氏度，湿度适宜，有较为充足的光照（10小时）。

（5）调教公猪需要特定的调教栏（也可以用采精栏），要求环境安静。调教栏应为3米×3米，地面干燥、不滑，最理想的地面是用橡胶地板。

（6）定时、定量（2~3千克/天）进行饲喂，提供优质饲料，保证满足公猪的营养需要。

二、如何调教

青年公猪的调教方法如下。

1. 适应阶段

刚开始每天上、下午各适应1次，每次15~20分钟，直至公猪可爬跨台畜。诱导和鼓励青年公猪爬跨台畜。如果公猪几次尝试仍爬跨失败，可采用一些方法诱导其爬跨。

2. 诱导青年公猪爬跨台畜

公猪进入调教栏后，会先通过嗅触来适应周围环境。调教人员需要有足够耐心，不要让其他事物吸引公猪注意力，可以站在栏内，通过以前建立的关系鼓励公猪接触台畜（图3-1）。

3. 调教频率

在适应期每天调教2次，每次调教15~20分钟，直到公猪可爬跨台畜。

4. 成功采精

如公猪爬跨成功，注意正确的采精手法。采精结束，需要奖励公猪（加料、抚摸、延长逗留时间），使其熟悉调教栏环境，加深记忆。

5. 巩固调教

在第一次采精结束后，第2天需重复1次，再隔3天采第3次，以后每周采1次。

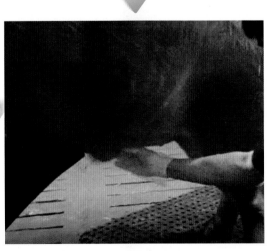

图3-1　诱导青年公猪爬跨台畜

三、注意事项

（1）参与调教训练的公猪至少需要单栏饲养一周以上来熟悉环境。

（2）调教人员要有激情和耐心，动作要温柔，不能打骂公猪。太夸张的动作会吓到公猪，打骂公猪可能会导致公猪性抑制或对人员造成伤害。

（3）调教人员应每天与公猪近距离接触，除正常工作外，建议多和公猪接触，建立良好的关系，增强公猪对调教人员的信任。

（4）在训练公猪的过程中总结记录每头猪的脾气和特点，以便于采用针对性的方法训练，同时保障人身安全。

（5）调教或采精后给予公猪食物奖励（如额外的饲料、青绿多汁的菜类、鸡蛋等），

弥补公猪体力消耗的同时，可提升公猪良好的工作记忆。

（6）如果公猪坚持不愿爬跨台畜，可采取以下方法：

①坐在台畜的头部，让公猪从后部开始接触台畜，通过与公猪建立的关系来激起公猪的拱、推、咬等动作。

②将公猪转入刚采精结束的采精栏内，利用采精后气味增加其对台畜的兴趣。

③在台畜上披上旧衣服或地毯，模拟真正的母猪。

④在台畜上倒一些发情母猪的尿液。

⑤将青年公猪饲喂在采精栏的旁边，让其观察其他公猪采精过程。

第二节　采精

　　成功的人工授精不仅需要生产性能好的母猪，还需要能够提供合格精液的公猪。即使公猪精液品质很好，但是如果采精手法或者程序不对，也会导致精液品质的下降，造成母猪产仔少等一系列问题。那么，怎样使公猪保持好的精液品质呢？

一、必须关注的问题

1. 环境控制

（1）公猪的最适温度为18~20摄氏度，30摄氏度以上会产生热应激。公猪遭受热应激后，精液品质会降低，并会影响4~6周后的繁殖配种性能。

（2）光照时间太长或太短都会降低公猪的配种性能，适宜的光照时间为每天10小时左右。

2. 饲养管理

不同阶段的公猪饲喂量（表3-2）如下。

表3-2　公猪不同阶段的饲喂量

饲养阶段	适应生长阶段	调教阶段	早期配种阶段	成熟阶段
体重	选种~130千克	130~145千克	145~180千克	180~250千克
饲喂量	2~3千克	2.5~3.5千克	2.5~3.5千克	2.5~3.5千克

3. 健康检查

体况检查：每月进行1~2次背膘测定，根据测定结果调整饲喂量。每天饲喂公猪专用饲料2.5~3.0千克，控制公猪膘情在17~18毫米之间。

性欲检查：每周检查公猪1~2次。对无性欲公猪应尽早采取措施及时处理；对有先天性生殖机能障碍的公猪，应淘汰。

二、收集精液

公猪射精过程中精液分为三部分（图3-2）。

（1）第一部分精清，即开始的约10毫升。这部分不要收集，因为这部分精子密度较低，而且可能被细菌或蛋白质严重污染，可以直接射到地板上。

（2）第二部分呈乳白或灰白色精液，为高精子密度部分，这一部分要完全收集。初学者可通过把阴茎头握在掌心内使精液的流动速度降低，来分辨精液的颜色。

（3）第三部分是较清澈部分，如果使用的精液保存超过一天，尽量减少第三部分的收集量。

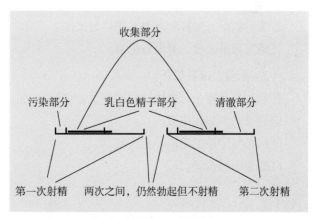

图3-2　射精过程及收集部分

三、采精流程

1. 物料准备

采精所需物料如图3-3所示。

a. 赶猪板 b. 卫生纸 c. 采精袋 d. 采精手套 e. 长臂手套 f. 记录本

g. 过滤纸 h. 采精杯 i. 恒温箱 j. 采精栏 k. 采精公猪

图3-3　采精所需物料

2. 采精前准备

（1）实验室准备如下。

①提前打开并检查实验设备是否正常使用。

②提前1个小时做好稀释液，并放置在水浴锅中预热。

③提前做好采精杯和蒸馏水预热的工作。

④确定待采公猪，并做好记录。

（2）采精栏准备如下。

①检查假台畜是否稳固，根据待采公猪调节相应高度。

②调节防滑垫的位置。

③准备好干净的毛巾、卫生纸。

④确定采精位置。

3、精液采集

精液采集操作流程（图3-4）如下。

（1）把采精杯、纸巾放入保温箱并带好双层手套。

（2）用赶猪板将公猪赶入采精室。

（3）挤出公猪包皮积液，先用湿毛巾擦洗包皮周围，再用干的毛巾擦一遍。

（4）等公猪上采精架后，把保温箱拿到身边。

（5）按摩包皮直到阴茎伸出，脱掉第一层手套，右手呈空拳，当龟头从包皮口伸入空拳后，用中指、无名指、小指锁定龟头，并向左前上方拉伸，龟头一端略向左下方。采精时，防止包皮积液随阴茎流入精液。

（6）用采精杯收集含有精子的精液：当公猪射出乳白色的精液时，左手将集精杯口向上接近右手小指正下方。当射出的精液有些乳白色的混浊时，说明是含精子的精液，应收集。最后的精液很稀，基本不含精子，不要收集。去除胶状体和精清部分。

（7）待公猪阴茎变软，把采精杯放进保温箱。

（8）拿掉采精手套，小心地弃掉覆盖在采精杯上的滤纸，放入垃圾箱内，注意不要污染精液。

（9）把保温箱内的物品送回实验室，记录公猪耳号、品种、采精员。

（10）将公猪赶回栏内。如果公猪表现好，可给予表扬，并给予适当饲料或鸡蛋作为奖励。

a. 采精杯准备

b. 戴双层手套

c. 赶公猪入采精栏

d. 诱导公猪

e. 采集精液

f. 去除胶体及过滤纸

g. 送入精液处理室

图3-4　精液采集流程

四、注意事项

（1）不要粗暴对待公猪，要让公猪感到愉快。

（2）公猪健康状况不佳时不能采精。

（3）擦掉粘在公猪腹部和肋部可能会污染精液的杂物，不要污染精液。

（4）整个采精过程中，采精设备要注意保温，温度尽量接近公猪体温。

（5）搞好采精室和实验室的卫生。

（6）收集富含精子的精液。

（7）采精成功，表扬公猪，奖励食物。

（8）使用赶猪板赶猪，防止被公猪攻击，注意自身安全。

第三节 精液处理

俗话说“庄稼一枝花，全靠肥当家”，其中“肥”是庄稼所需营养的代名词，这里不仅强调“肥”对庄稼的重要性，而且突出表达合理施肥，更有利于庄稼的生长发育。

精液处理就是给精子配制稀释液，对于此操作来说稀释液就是“肥”，稀释液不仅可以维持精子的生命，还可以保持精子储存期间的活力。精液处理的目的，就是以一种高效、低成本的方法来获取尽可能多的高质量精液头份数。如果精液处理程序不对，就会造成精液品质的下降。

看一看如何准确、及时地做精液处理吧。

一、精液处理室准备工作

1、物料准备

精液处理物料如图3-5所示。

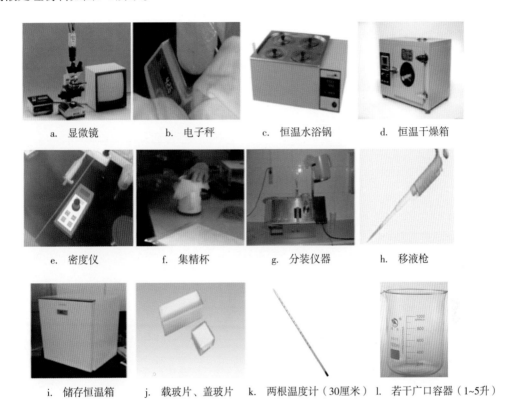

a. 显微镜　　　b. 电子秤　　　c. 恒温水浴锅　　　d. 恒温干燥箱

e. 密度仪　　　f. 集精杯　　　g. 分装仪器　　　h. 移液枪

i. 储存恒温箱　　j. 载玻片、盖玻片　　k. 两根温度计（30厘米）　　l. 若干广口容器（1~5升）

图3-5　精液处理所需工具

2. 打开设备电源

（1）打开水浴锅、光密度仪、预热橱、电子秤和显微镜的电源开关。

（2）制备采精杯，放入精液收集袋，固定好精液过滤纸并放入预热橱。

（3）预热载玻片和盖玻片到37摄氏度，预热稀释液到37摄氏度，将光密度仪调至待测样状态。

（4）查看公猪使用记录表，结合配种计划要求，确定可使用的公猪及需稀释的头份。

3. 配制稀释液

（1）根据当日精液稀释液配制计划，称取一定量的蒸馏水，放入37摄氏度水浴锅中预热。

（2）将稀释剂与蒸馏水按1:1（1袋稀释剂比1千克蒸馏水）充分混匀，放入37摄氏度的水浴锅中预热1小时后使用。

二、精液处理操作流程

合理的精液处理流程对于保证精液质量十分重要。具体操作流程如下。

1. 原精处理

（1）彻底清洗双手。

（2）采精后去掉罩在采精杯上的滤纸和黏液，避免杂物掉入精液。

（3）观察精液的气味和色泽，任何有腐臭味或者色泽异常的精液都应弃掉。

（4）分别对装有精液的和空的采精容器进行称重，然后计算出精液重量（克），在采精记录表上记录精液量（以毫升计，1克≈1毫升）。

（5）根据分光光度计使用说明对精液样进行检测，在采精记录表上记录读取的数值。查分光光度表，得出精液的浓度（1克或1毫升精液中精子数目），在采精记录表上注明此数值。

（6）插入干净的温度计测量精液温度，做记录。

（7）测原精活力，显微镜下镜检精子活力评分不得低于3，否则弃之不用。

（8）稀释容器放在电子秤上，将精放入稀释容器中，往精液中加入同等重量（或体积）的稀释液。

2. 精液质量的评估

（1）活力检查是精液质量检查最重要的环节。主要检查一个显微镜视野中做直线运动的精子占精子总数的百分比，因为只有做直线运动的精子才有授精能力。视野中的精子一般有以下几种运动状态：直线运动、圆圈运动、几个精子附着胶体或污染颗粒尾部摆动、不动。

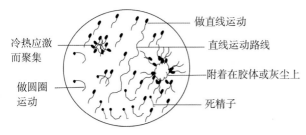

图3-6 显微镜下精子活力检查

（2）可在放大100～200倍的视野里进行观察（图3-6），重点关注两个比例：视野中活动的精子数占总精子数的比例，呈直线运动的精子数占总精子数的比例。

3. 精液稀释

（1）根据计划稀释头份，计算稀释液用量和精液需要量，并在电子秤上称取所需稀释液的体积（每份分装体积为85~95毫升）。

（2）调整稀释液温度，使其与原精温度相差范围在±1摄氏度。

（3）将稀释液与精液缓慢混合均匀。

（4）镜检稀释后的精子活力不得低于70%，精子形态异常率不得高于15%，否则不可用。

4. 包装及贮存

（1）精液的分装需慢慢进行，并注意检查注入精液瓶的精液量和封口质量。

（2）贴好标签，写好公猪耳号和采精日期。

（3）待分装好的精液逐步冷却至室温（21摄氏度）后，将其放入17摄氏度精液专用保温箱中贮存。

5. 工作记录

（1）填写"公猪使用记录表"和"公猪使用记录卡"。

（2）填写"采精记录表"，内容包括：采精日期、采精者姓名、公猪耳号、收集类型（全部或部分）、采精量、精液质量和备注（公猪健康状况和性欲等）。

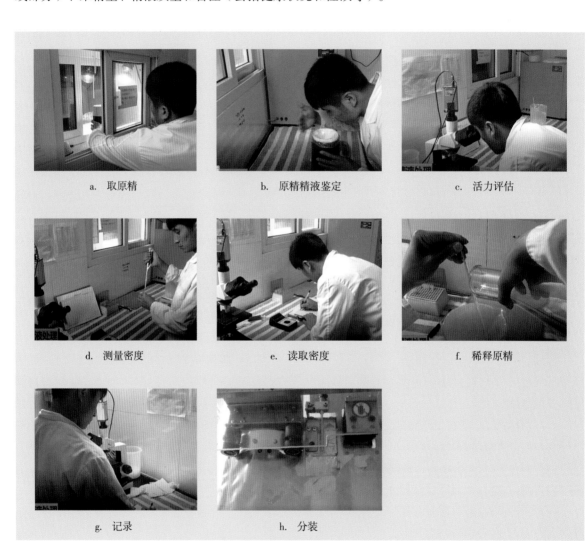

a. 取原精   b. 原精精液鉴定   c. 活力评估

d. 测量密度   e. 读取密度   f. 稀释原精

g. 记录   h. 分装

图3-7　精液处理操作流程

三、注意事项

（1）提前1小时将稀释液放入水浴锅中预热。

（2）稀释液应在配置好半小时至24小时之间使用。

（3）原精镜检应在精液采集后10分钟内进行，并注意避免强光直射精液。

（4）调整稀释液温度，使其与原精温度相差范围在±1摄氏度。

第四章　分娩舍管理

我们是相亲相爱的一家人！

在一个猪场中，分娩舍起到承上启下的作用。承接的是配怀舍待产母猪，启下则关系到保育前期猪的生长状况。本章主要根据猪的生产流程，分别从产前、产中、产后仔猪管理及哺乳母猪饲喂管理四大方面介绍标准化操作技能。

产前管理主要是设置产房，目的是为临产母猪和新生仔猪准备一个好的环境。产中管理主要包括诱导产仔、分娩过程中的监控、接产、助产操作以及初乳管理，目的是降低产仔过程中的死胎发生率。产后仔猪管理主要包括仔猪护理的一些常规操作，比如剪牙、断尾、补铁、去势、寄养、教槽等，目的是保证仔猪有高的成活率和断奶重。哺乳母猪的饲喂主要根据母猪各阶段的特点制定合理的饲喂量，从而降低难产和乳房炎发生的概率，提高整个哺乳期内母猪的采食量和泌乳力，并减少哺乳期掉膘。

第一节　设置产房

　　猪场建设经历了从"一根绳、满地跑、土墙圈、粪水澡"，到"铁饭碗、钢丝床、小包间、保温墙、自来水、全价粮"的演变。现代养猪生产方式的不断改变，加速了养猪规模化、标准化、产业化的进程。设置产房是承上启下的关键环节，我们应该如何来设置产房呢？

一、产房设置的必要性

产房管理的一个重要目标是最大限度地提高仔猪存活率。产房设置程序的建立使所有影响猪的生产成绩和福利的因素都能得到检查。

（1）恰当的护理和硬件的准备，有助于减少母猪和仔猪受到机械性损伤的危险。

（2）料槽干净、饮水充足可以提高母猪的采食量、仔猪的存活率，促进猪生长发育。

（3）环境尤其是温度在仔猪的存活中起着非常重要的作用。

（4）环境控制系统可以满足母猪和仔猪对温度和通风的不同要求。

二、进猪前产房设置的要求

1. 卫生

产房必须根据空栏冲洗程序进行彻底冲洗（图4-1），以避免上批猪的疾病传染给下批猪。

（1）消毒前必须先把含细菌的有机物质冲洗掉。

（2）烘干或干燥是最有效的杀灭残留细菌的方法。

（3）在两批猪进出舍的间隔期间，产房空置得越久，越能有效杀灭细菌。

图4-1　干净的产房

2. 产房栏位设备

（1）在使用产房电设备前应仔细检查，一有损坏，应及时修理。需特别注意电缆、插头以及插头和用具间的连接处（图4-2）。

图4-2　安全用电

（2）产床和产床周围必须完好、安全，以保护母猪和仔猪留在产床内。

3. 料槽和饮水器

（1）料槽必须是干燥的。如果有消毒药残留，对猪有害，必须清理干净。

（2）用饮水碗作饮水器，碗内需装满新鲜的水,饮水器水流量3~4升/分钟。

（3）饮水对于母猪哺乳期的采食有非常大的影响，这也影响着断奶仔猪的质量和母猪断奶后再配种的效果。

4. 产房温度要求

分娩舍温度要求"双环境"，因为大猪怕热，小猪怕冷。产房设置必须很好地解决这一矛盾！

（1）大环境要满足母猪的温度需求，22~24摄氏度是理想的变动范围。高温会降低母猪采食量、泌乳力，降低乳汁营养成分的释放。可以通过观察母猪的呼吸频率来判定母猪是否太热，如果超过30次/分钟，说明母猪太热。

（2）对于仔猪来说，应该用电热板（图4-3）、保温灯（图4-4）等使小环境保温区的温度维持在26~35摄氏度。因为大环境22~24摄氏度时，小猪太冷，它们维持体温有困难，容易出现腹泻，所以需要借助加热源保温。

5. 环境控制设备

环境控制设备管理的目的是要满足母猪和仔猪对温度、通风、湿度等的要求，这些都需要环境控制器来控制。为新引进的猪准备的环境控制器须按照要求进行检查和安装。

6. 安全检查

在使用前检查和维修电源设备的保险开关十分重要，因为电对猪和饲养员都是危险的。

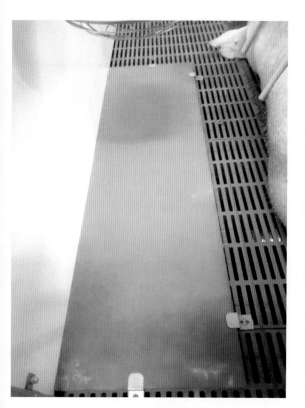

图4-3 电热板

图4-4 保温灯

三、如何设置产房

1、物料准备

设置产房物料如图4-5所示。

a. 保温灯

b. 加热板

c. 保温箱

d. 饮水器

e. 保险丝

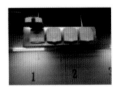
f. 插排

g. 通风系统

h. 小料槽

i. 料线检查

j. 产床

图4-5 设置产房所需物料

2. 卫生

产房清洗流程：清空、清扫、浸泡、清洗、消毒、干燥。

（1）清空：清空所有剩下的记录卡、设备和一些冲洗时用不着的工具。把加热灯和其他可搬动的电器设备拿到屋外，无法移动的电器设备做防水处理，将配电柜、湿度探头等怕水装置保护好。如果有补饲料槽，把它们从栏中取出，倒空其中的饲料。剩在料槽中的料，根据新鲜程度确定是否可以继续利用。

（2）清扫：将料槽底部、栏内、过道上的粪便清扫至漏缝地板下或屋外。清扫其他的垃圾、饲料残渣、灰尘和蜘蛛网等。

（3）浸泡：用3%氢氧化钠水溶液或热的有机清洗剂喷洒猪舍，并封闭、浸泡1~2小时。

（4）清洗：充分浸泡后，用60摄氏度的热水对猪舍全面高压清洗，若无此设备可选用较硬的扫把、刷子，边冲边刷。对较脏的地方，可先进行人工刮除。要注意对角落、缝隙、设施背面的冲洗，做到不留死角，清洗彻底。

（5）消毒：一般要求使用2种以上不同类型的消毒药进行3次消毒。首先，可用火碱（氢氧化钠）消毒；其次，用喷雾消毒，喷雾消毒时要使消毒对象表面湿润挂水珠；最后，把所有用具放入猪舍再进行密闭熏蒸（或喷雾后密闭）消毒。

（6）干燥：冲栏结束后，打开风机，使栏舍快速干燥。干燥的标准是：无肉眼可见的水，纸张放入猪舍24小时不回潮。猪舍干燥时间最好超过一周。

产房清洗流程完成后，必须进行检查验收，如果检查结果不合格需要再次冲洗，验收后由负责人签字。

3. 栏位设置

（1）安装和检查栏位设备。

（2）检查地面镶嵌板是否损坏、不平坦或有边缘凸起。

（3）检查钢铁架螺钉和焊接处是否松动、边缘是否锋利。

（4）检查栏位的分界处是否有裂缝或破口。

4. 饮水

（1）检查母猪的饮水器的水流量，保持水流量2~4升/分钟。

（2）进猪前把消毒药从饮水碗中冲洗掉。

5. 电源安全

（1）检查电缆、插头以及插头和用具间的连接处。

（2）根据使用寿命及时更换用电设备和电线。

（3）进猪前进行彻底的安全检查。

6. 仔猪热源

检查保温箱、电热板、保温灯、暖气炉是否正常工作。

7. 环控设备

检查环控设备是否运转正常，包括风机、进风口、温度探头等。

第二节 诱导产仔

母猪的预产期是在配种后111~119天不等。产房同一单元的母猪分娩时间过于分散对于接产工作（图4-6）来说是件很麻烦的事，尤其是母猪喜欢在安静的晚上进行分娩，这样不但工作计划难安排、工作量大，而且还影响批次化生产。

在妊娠母猪预产期范围内，通过注射前列腺素来控制母猪在注射后的18~32小时内分娩（图4-7），这种方式被称作诱导分娩。

图4-6 接产

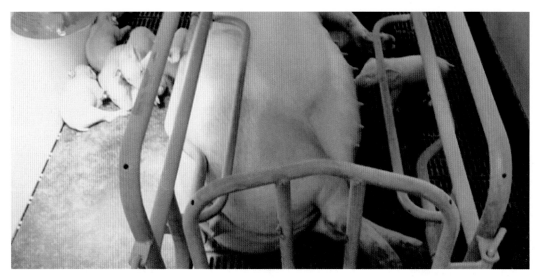

图4-7 母猪分娩

一、诱导产仔机理

前列腺素（图4-8）可以溶解黄体，刺激子宫平滑肌的收缩，造成妊娠终止，最终引起分娩。前列腺素不是只有前列腺才能够产生，母猪和公猪的很多组织和器官都可以产生。母猪自然分娩也需要启动自身的前列腺素分泌来溶解黄体。

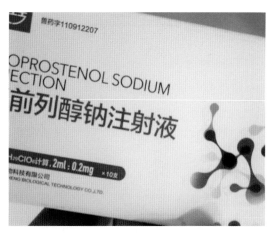

图4-8　前列腺素药

二、注射剂量

含量一般为0.2毫克/支，注射剂量通常为0.2~0.4毫克/头。

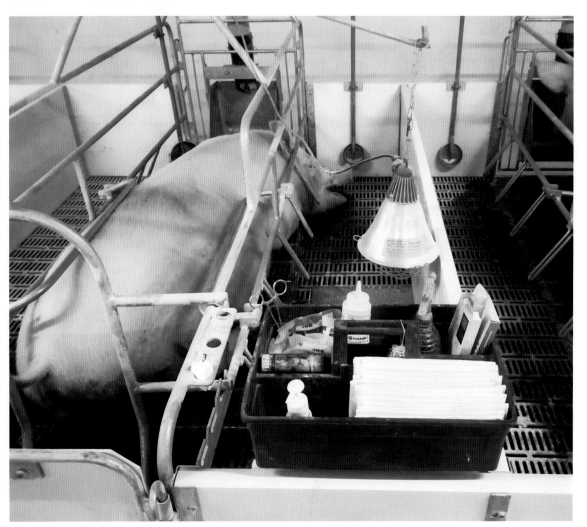

三、诱导产仔操作

1. 物料准备

诱导产仔物料如图4-9所示。

a. 前列腺素类药

b. 9号针头

c. 10毫升针管

d. 一次性塑料手套

e. 消毒棉球

f. 笔、记录本

图4-9　诱导产仔操作所需物料

2. 注射时间的选择

一般在预产期前24小时使用，实际生产中为让母猪集中在白天分娩，则在前一天上午9点左右注射。注射前须做乳房检查，若母猪第一对奶头有乳汁，则提示母猪会在24小时内分娩，则无须注射。

3. 注意卫生

（1）注射部位需要用酒精棉球消毒。

（2）每头母猪注射后需要更换针头。

4. 注意安全

孕妇和哮喘病人不能接触到前列腺素。若不小心接触到激素，需即时清洗并就医。

5. 针头选择

（1）外阴根部注射选择9号针头。

（2）颈部肌肉注射选用16号针头。

6. 注射部位

注射位置在外阴根部（图4-10红圈处），若直接注射在外阴上面会引起外阴水肿（图4-11）。进针角度为垂直进针。

7. 注射方法

（1）找到需要注射的母猪并核对预产期信息。

（2）检查第一对乳房是否能挤出乳汁（图4-12）。

（3）佩戴手套，抽取前列腺素注射液。

（4）找到阴户根部的注射位置，使用酒精棉球消毒。

（5）注射前列腺素（图4-13）。

（6）记录注射信息（耳号/时间/原因/操作者等）。

（7）妥善处理使用过的器械。

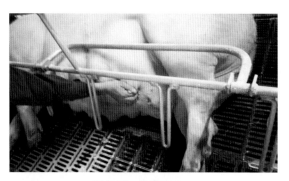

图4-12　检查乳房

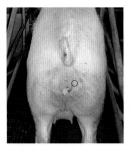

图4-10　前列腺素注射部位

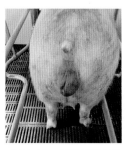

图4-11　母猪外阴水肿

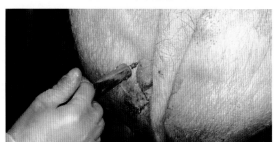

图4-13　注射前列腺素

第三节　产仔监控

现在，很多人家里都装有智能摄像头（图4-14）。只需要下载应用程序，就可以随时用手机看看家里的情况。

在猪的生长过程中产仔是一个非常重要的部分，产仔监控的目的是尽可能地减少死胎，提高群体的存活率。通过产仔监控（图4-15）能尽快地识别异常情况和难产，及时处理突发状况，确保母猪安全、顺利地分娩，提高窝产活仔数。

图4-14　摄像头

图4-15　产仔监控

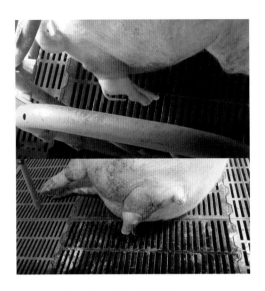

图4-16 母猪产仔

一、母猪产仔过程

母猪正常的产仔过程（图4-16）如下。

（1）产程时间：一般为2~4小时，但也可能持续8小时。

（2）产仔间隔：一般为10~20分钟，但产第一头和第二头的时间间隔为30~45分钟。

（3）仔猪出生体位：头先出或后腿先出都是正常的。

（4）母猪行为：在产仔之前母猪发抖并尽力抬起后腿，在分娩时尾巴抽搐摆动。

（5）死胎常见于产仔的后半部分，80%的死胎出现于最后出生的三头仔猪。

（6）排出胎衣时间：胎衣和胎盘一般在产完后1~3小时内排完。

二、识别母猪异常分娩

1. 识别母猪分娩异常行为

（1）母猪过分紧张，颤抖，尾巴抽动，但并无仔猪出生。

（2）母猪气喘，可能是难产的症状。

（3）子宫不再收缩或收缩不明显，但腹部隆起明显或胎衣未排出，说明还有仔猪要出生。

2. 及时发现缺氧仔猪

（1）在产仔的后半程中，产仔间隔很长（大于20分钟）产出的仔猪。

（2）皮肤上沾有黄色或褐色粪便的仔猪（图4-17）。

（3）产后生存力和活力降低的仔猪。

3. 产生死胎的有关因素

（1）大多数死胎是因为仔猪在产道内缺氧所致。

（2）死胎多在产仔的后一阶段，饲养员的干预是否得当，对其有很大的影响。

（3）产仔的时间越长，产死胎的可能性越大。

（4）少数母猪难产或产仔时间较长都会增加死胎率。

（5）子宫颈堵塞，有两头或两头以上的仔猪同时挤压产道，或一头很大的仔猪挤压产道。

（6）母猪骨盆很小，但仔猪很大。

4. 何时采取助产措施

产仔间隔超过30分钟，根据难产类型，实施助产措施（图4-18），或对母猪肌注催产素。

图4-17 沾有黄色粪便的仔猪

图4-18 人工助产

三、正确的产仔监控

1. 物料准备

产仔监控物料如图4-19所示。

a. 一次性注射器　　b. 催产素　　c. 接产记录表

图4-19　产仔监控所需物料

2. 产仔前

（1）检查历史记录。

检查母猪的生产记录，找出以前产仔有问题或产过死胎的母猪，识别最有可能产死胎的母猪。注意以下几种母猪：

①产过五胎以上的老龄母猪。

②曾经产过死胎的母猪。

③以前窝产仔数很高（12头或更多）的母猪。

（2）观察母猪。

①频繁、安静地观察母猪，并将干扰降到最低。

②建议20~30分钟巡栏检查1次。

③注意观察母猪是否有异常行为。

3. 产仔中

当看到产仔开始时，在母猪卡上记下时间、产仔头数和出现的各种问题。

（1）进行母猪监控时，如果母猪出现下列表现，根据情况注射催产素或进行人工助产。

①过分紧张或颤抖，呼吸急促。

②频繁努责（图4-20），尾巴抽动，但没有仔猪出生。

③母猪分娩无力或不努责，分娩间隔延长。

（2）仔猪监控时，要做到以下几点。

①记录产仔情况（产仔中的死胎、产仔间隔、难产）。

②注意对出生仔猪保温，用接生纸擦干仔猪的口鼻腔黏液，并用干燥剂涂抹仔猪全身，并将仔猪放在保温灯下。

③仔细观察找出缺氧的仔猪，帮助其吃上初乳。

④清除残留在仔猪身上的胎膜和清理排出的胎衣。

⑤救护假死仔猪（倒提轻轻拍打背部）。

⑥把脐带在距离腹部2.5厘米处结扎剪断，千万不要用手扯断脐带。

4. 产仔后

（1）记录母猪分娩情况。

（2）治疗分娩出现问题的母猪，对其注射长效抗生素。

（3）识别分娩结束的母猪：

①胎衣排出。

②母猪表现稳定、平和、侧卧，正常哺乳仔猪。

③母猪腹部平坦，不再用力努责。

图4-20　努责

第四节 接产操作

在母猪生产中对其进行接产可以及时发现难产，对母猪和仔猪进行有效的护理，减少分娩过程中母猪和仔猪的死亡，提高母猪和初生仔猪的健康度。广义的接产包括产前准备、接产操作、难产处理、母猪护理、弱仔护理等。本节内容主要介绍临产表现和接产操作。

一、产前表现

母猪的妊娠期为111~119天，平均为114天，一般以114天计算母猪的预产期。在生产中通常以发情后的第一次输精时间开始计算预产期，实际分娩时间大多为第一次输精后的115~116天。

为了正确鉴别何时临产，首先要了解不同时间段的产前表现。

1. 母猪产仔前12~24小时表现

（1）乳房变大，外阴非常肿大（图4-21）。

（2）食欲减退或根本不吃料。

（3）站立不安（图4-22），做窝。

（4）乳房肿胀并可见小部分乳液流出。

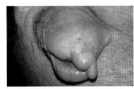

图4-21　外阴肿胀　　　　图4-22　站立不安

2. 母猪临产前12小时表现

（1）乳汁很容易从乳房中流出来，有可能从乳头上渗出来（图4-23）。

（2）母猪不愿意站立。

（3）母猪更加烦躁不安，频繁小便（图4-24）。

（4）从外阴中流出少量黏稠的血液。

图4-23　乳汁流出　　　　图4-24　频繁小便

3. 母猪临产前1~2小时表现

（1）母猪大多数时间躺着（图4-25）。

（2）呼吸急促。

（3）母猪表现出子宫收缩和过分疲劳，越接近产仔这种表现越明显。

（4）外阴中有羊水流出（图4-26）。

图4-25　母猪躺卧　　　　图4-26　羊水流出

二、如何接产

1. 物料准备

（1）接产器械和工具包括剪刀、消毒棉线或尼龙线、干燥剂、毛巾或纸巾、装有碘附的喷壶、用来装胎衣和死胎的桶（图4-27）。

（2）备用药品有催产素、抗生素、生理盐水、葡萄糖溶液、葡萄糖酸钙（图4-27）。

a. 接产器械

b. 铲子

c. 接生纸

d. 接产药品

e. 高低温度计

f. 保温箱

图4-27 接产工具

2. 接产步骤

（1）母猪分娩前，清洁母猪的产床，清洗母猪的后躯和乳房。

（2）仔猪出生后，第一时间用接生纸清空口鼻，保证呼吸道畅通。

（3）握住脐带缓慢地将其拉出（图4-28），检查是否流血，若流血则用消毒的棉线结扎，使用消毒后的剪刀将其剪断，留2.5厘米喷洒碘附消毒。

（4）用干燥剂涂抹仔猪全身吸干水分或使用接生纸擦干身上水分（图4-29）。

（5）放入保温箱用保温灯烘烤十几分钟，待仔猪身上完全干燥（图4-30），随即放出吃初乳。

3. 观察母猪和仔猪的异常情况

（1）母猪正常产程2~4小时，长的可达8小时。若母猪体力透支，分娩无力，仔猪脐带断裂，留在产道，就容易发生难产，形成死胎。

（2）根据不同情况采取及时有效措施，保证母猪和仔猪的健康和安全。

4. 注意安全

母猪分娩前后，有很强的攻击性，人员在操作时不要进入母猪的攻击范围。初产的母猪可能会出现咬仔猪的行为，注意保护仔猪。

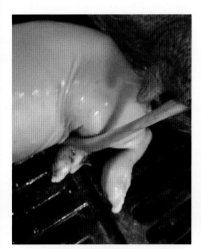

图4-28 仔猪出生

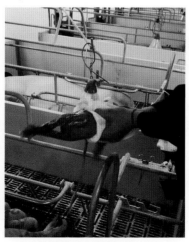

图4-29 擦干身体

图4-30 仔猪干燥

第五节　难产处理

　　在猪生产中如果发生难产会威胁到母猪和仔猪的健康甚至生命。在生产管理中应该以预防难产为主。如果发生难产，应当及时采取正确的处理方式。

一、正确判断难产

1.仔猪表现

（1）皮肤上沾有黄色或褐色的胎儿粪便（图4-31）。

图4-31　仔猪胎粪

（2）出生后活力差（血液呈酸性，含有高水平的乳酸和二氧化碳）。

（3）分娩出的仔猪为死胎。

2.母猪表现

（1）过分紧张（图4-32），颤抖，尾巴抽动，但没有仔猪出生。

（2）对仔猪和人有凶猛的攻击行为。

（3）呼吸急促。

（4）产完3~7头仔猪后，产仔时间间隔超过30分钟没有努责。

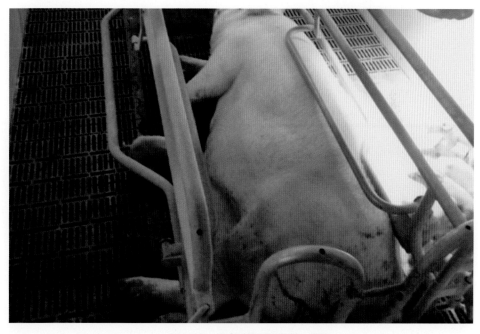

图4-32　难产母猪呼吸急促、紧张

二、难产的原因和类型

母猪难产主要是由以下原因引起的。

（1）母猪过肥或过瘦，缺乏运动，体能跟不上。

（2）母猪产仔数多，体能消耗大。

（3）胎儿过大或母猪产道狭窄。

综合以上原因，我们把难产类型分为3类，即产道型、产力型和胎儿型。应对产道型和胎儿型难产，采取助产措施，对于产力型难产则采取注射催产素的措施。

三、人工助产

1. 物料准备

母猪助产物料如图4-33所示。

a. 水桶　　　　　b. 毛巾　　　　　c. 润滑剂　　　　d. 助产手套

图4-33　助产所需物料

2. 助产操作

（1）清理母猪身后区域所有的粪便。

（2）擦洗外阴和周围区域（图4-34）。

（3）保证指甲干净光滑，手要清洗干净。

（4）使用一次性长臂手套以减少感染的机会，把产科润滑剂均匀涂抹在助产手套上（图4-35）。

（5）当母猪右侧躺着时用右手，而左侧躺着时用左手，并拢五指，调整进入母猪阴道（图4-36）。

（6）感受仔猪的情况，采用合适的抓猪姿势。

（7）随着母猪的努责顺势拉出仔猪。

图4-34　清理母猪后躯

图4-35　涂抹润滑剂

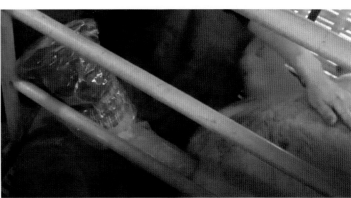

图4-36　助产操作

四、注射催产素

1. 体内检查

催产素可以促进子宫平滑肌有节律的收缩，促进胎儿的排出。在使用前需要对母猪的产道进行体内检查，确认产道没有胎儿阻塞，否则会引起胎儿的窒息死亡。

体内检查一般使用一次性的输精管（图4-37）试探产道。如果有阻塞，则采用助产的方式来疏通产道。

图4-37　输精管

2. 注射计量及次数

每次注射10~20个国际单位的催产素（图4-38），至少间隔半个小时重复注射，注射次数一般不超过3次。

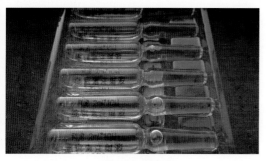

图4-38　催产素

3. 注射部位及针头选择

（1）外阴根部注射，采用9号针头。注射位置为外阴根部（图4-39），若直接注射在外阴上面会引起外阴的水肿（图4-40）。进针角度为垂直进针。

（2）颈部肌肉注射采用16号针头（图4-41）。

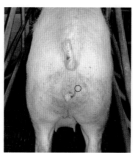

图4-39　催产素注射部位　　图4-40　母猪外阴水肿

a.　颈部肌肉注射器　　　　b.　针头（16号）

图4-41　注射器及针头

4. 补充措施

对于产仔多，产程长，体能严重透支的母猪还应该在兽医的指导下为其补充能量和钙离子。

五、预防难产

（1）有条件的猪场，可采用大栏饲喂母猪，增加母猪运动量，提高母猪体能。

（2）按照正确的饲喂程序饲喂母猪，保证其合理体况。

（3）保持母猪的分娩环境安静，保证催产素正常分泌。

（4）4头以上仔猪强有力的吮乳，可以促进催产素的分泌。

第六节　初乳管理

初乳能够为初生仔猪提供能量和必需的免疫物质，因此其摄入状况对仔猪的健康是至关重要的。

一、初乳管理

初乳对于新生仔猪来说不仅提供维持生命的能量和营养，还提供来自母猪的抗体（图4-42）。母猪在分娩后的24小时内，初乳中抗体水平迅速下降；同时仔猪能够吸收大分子免疫球蛋白的肠道吸收通道也会在出生24小时后关闭。因此及时吃到足量的初乳对于仔猪来说尤为重要（图4-43）。

1. 新生仔猪生理特点

（1）脂肪储备只占体重的1%~1.5%。

（2）肝糖原迅速下降。

（3）出生时不带有母源抗体，需要通过初乳获得。

2. 初乳的作用

（1）为仔猪提供免疫保护力。

（2）为仔猪提供能量，维持体温。

（3）含有吗啡类物质，对仔猪起安慰作用。

（4）促进仔猪生长。

但是实际生产中往往因母猪产仔多、有效乳头少、产后无乳、仔猪弱小等原因，不是每个仔猪都能够吃到足够的初乳，所以需要通过人为干预来合理分配初乳。主要措施包括采集初乳和灌服初乳。

图4-42　仔猪觅乳

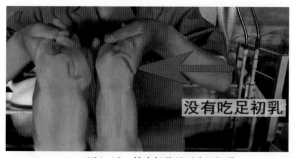

图4-43　检查仔猪是否吃足初乳

二、初乳采集

1. 物料准备

采集初乳物料如图4-44所示。

包括100毫升广口瓶、干净塑料量杯、托盘。

图4-44 初乳采集所需物料

2. 采集初乳的时间

分娩前后6小时，包括分娩过程中均可采集初乳，在此过程中需观察母猪反应，如过于激烈就不要采集，以免应激造成分娩困难，尤其是初胎母猪。

3. 注意卫生

采集之前需要洗手，母猪乳头需要提前清洗。

4. 注意安全

采集时如果母猪非常抗拒，就要放弃采集，注意不要被母猪攻击和咬伤。

5. 母猪及乳头的选择

（1）最好选择分娩3~5胎的母猪，因为这样的母猪泌乳量大，并且抗体水平高。

（2）选择前面的乳头，不要选择后两对乳头，前面乳头泌乳量大，后两对泌乳量小。选择大和长的乳头，这样更容易采集初乳。

6. 采集方法

用手指将乳头周围的皮肤向中间推挤（图4-45），即可挤出初乳。每个乳头采集不能超过20毫升。

7. 保存方法

及时使用采集的初乳，若未使用完可放入冰箱冷冻或冷藏保存。冷冻最长保存4周，冷藏最长保存48小时。

图4-45 采集初乳

三、灌服初乳

1. 物料准备

灌服初乳物料准备（图4-46）如下。

a. 精液瓶（用来装初乳）    b. 水桶（如果冷藏或冷冻初乳，用来预热初乳）   c. 10毫升注射器   d. 记号笔

图4-46 灌服初乳所需的物料

2. 灌服剂量

仔猪出生后6小时内至少灌服2次，以后每天灌服2~4次，每次灌服20毫升。

3. 适合群体

出生后3天内仔猪。

4. 操作流程

灌服初乳的具体操作流程（图4-47）如下。

（1）用40摄氏度的热水预热初乳。

（2）注射器抽取20毫升初乳。

（3）用手指试探仔猪是否有吮乳反射。

（4）将注射器抵在舌头根部，缓慢注射初乳。

（5）手指刺激仔猪喉部来刺激吞咽。

（6）灌服完毕后标记仔猪。

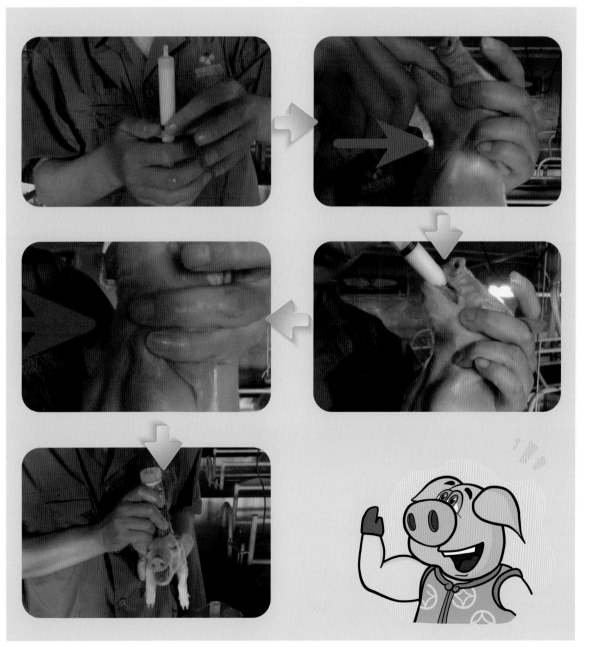

图4-47　灌服初乳步骤

第七节　仔猪剪牙

新生仔猪要不要剪牙，在行业内是个颇受争议的话题。首先我们要弄清楚剪牙的目的：一方面是减少仔猪在争抢乳头的时候造成外伤；另一方面是减少仔猪对母猪乳头造成外伤，从而减少母猪的乳房疾病。

现在有很多大型养猪场已经取消仔猪剪牙了，对仔猪生产影响不大，而且还节省了人工成本。但是不剪牙需要有两个前提条件：一是哺乳母猪采食量高，奶水充足，仔猪争抢乳头的搏斗减少；二是有良好的环境卫生，减少外伤感染的可能。

有些猪场基础设施条件相对较差，环境温度不能很好地控制，哺乳母猪采食量上不去，奶水相对匮乏，如果不剪牙会造成很多仔猪打架，造成外伤并感染，以渗出性皮炎最为常见（图4-48）。

所以，猪场要不要给新生仔猪剪牙是根据猪场的具体情况来定，不能片面模仿。

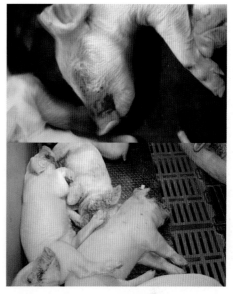

图4-48　为吃足初乳造成损伤

一、剪牙原因

大部分仔猪会在出生后的24小时内固定乳头，牙齿是它们抢夺优势乳头的有利武器。仔猪出生后就带有8颗锋利的牙齿，如果不剪牙，这些锋利的牙齿容易给其他仔猪和母猪乳房造成外伤，引发感染（图4-49）。

图4-49　未剪牙仔猪的牙齿

二、如何剪牙

1. 物料准备

仔猪剪牙的物料如图4-50所示。

a. 消毒剂　　　b. 牙刷　　　c. 剪牙钳

图4-50　仔猪剪牙所需物料

2. 剪牙时间的选择

剪牙通常在仔猪出生后6~24小时进行。

3. 剪牙操作

仔猪剪牙具体操作流程（图4-51）如下。

（1）检查剪牙钳钳口是否平整，若不平整容易打碎牙齿。

（2）用左手握住仔猪头部，用拇指或中指卡住仔猪上下腭，让它保持张嘴的姿势。

（3）调整剪牙钳的方向，使用剪牙钳剪掉上下两侧的4对犬齿，每次剪断两颗牙齿，只剪掉牙齿尖锐部分，保留三分之二。

（4）用手触摸牙齿，检查一下牙齿断端是否划手。

（5）用牙刷清理掉粘在剪牙钳上的牙齿，并使用碘酊消毒。

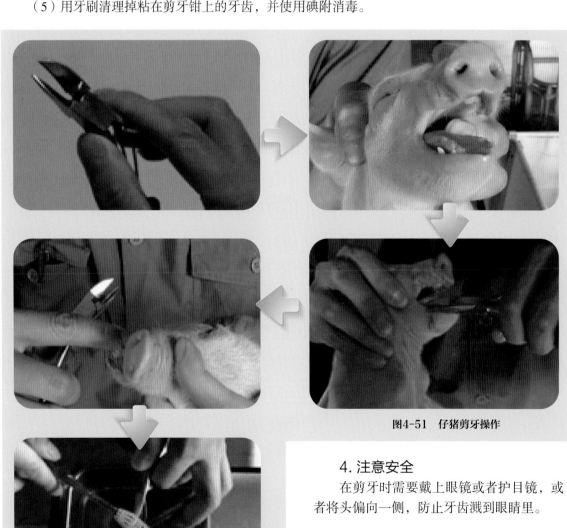

图4-51　仔猪剪牙操作

4. 注意安全

在剪牙时需要戴上眼镜或者护目镜，或者将头偏向一侧，防止牙齿溅到眼睛里。

5. 关键步骤

注意剪掉牙齿的三分之一，保留三分之二。这样不会暴露牙髓，不伤及牙龈，减少感染细菌的机会。对于保育舍神经症状较多的仔猪，应考虑剪牙操作是否得当。

第八节　仔猪断尾

在猪场，我们有时会看到猪咬尾的现象（图4-52），一头猪的尾巴被咬出血后，其他的猪也会跟着咬，造成尾巴炎症和疼痛，严重影响猪的健康生长。该现象多发生于20~50千克的猪群中。

引起猪咬尾的影响因素很多，即便我们从环境、营养需求等方面做了很多改善，但是依然会出现咬尾，因此为了更好地预防咬尾，通常会对哺乳仔猪进行断尾（图4-53）。

图4-52　猪咬尾现象

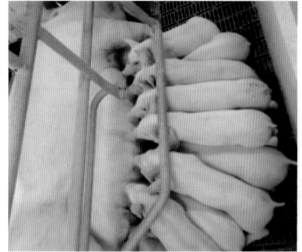

图4-53　断尾仔猪

一、咬尾的原因

1. 环境因素
温度过高或过低，光照太强，舍内氨气含量高，湿度大等。

2. 管理因素
饲养密度大，均匀度不好，料槽数量不够或仔猪饮水不足，饮水器设置不合理等。

3. 营养因素
饲料营养不平衡，缺乏维生素、微量元素等。

二、如何断尾

1、物料准备

仔猪断尾的物料如图4-54所示。

a. 碘附

b. 容器及棉签

c. 牙刷

d. 剪牙钳

e. 电热断尾钳

图4-54 仔猪断尾所需物料

2. 断尾时间

在仔猪在出生6小时以后可以进行断尾（图4-55），因为仔猪吃到足够的初乳后，具备更强的抗感染能力。但是断尾通常在仔猪3日龄与补铁一起进行，减少仔猪应激。

3. 注意卫生

（1）用剪牙钳断尾，在使用前后要用热肥皂水浸泡、清洗，然后放到装有消毒液的容器中。

（2）每断完一头仔猪的尾巴，需将剪牙钳在消毒液中蘸一下。断尾用的剪牙钳不可以用来剪牙。

（3）电热断尾钳只需加热到足够温度，不需要用消毒液消毒。

4. 注意安全

仔猪被抓起时会发出尖叫，容易使母猪不安和烦躁，因此要当心母猪，不要站在易受母猪攻击的地方。

5. 断尾长度

断尾之后仔猪尾巴的长度为2.5厘米比较合适，简单判断标准为小母猪尾部盖住阴户，小公猪尾巴盖住睾丸的一半。

尾巴留的太长，起不到预防咬尾的作用。断尾处太靠近尾根会影响愈合，还可能造成感染。

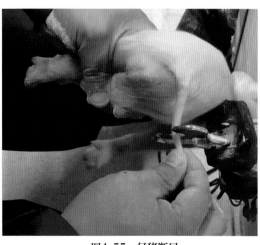

图4-55 仔猪断尾

6. 剪牙钳断尾法

（1）直接剪断：用消过毒的剪牙钳在距尾根2.5厘米处直接剪断，这种方法易出血，需做好止血工作。

（2）间接剪断：只剪断皮肉组织，中断血液的流通，5~7天后剩余的尾巴会干燥脱落，这种方法虽然出血少，但是仔猪会一直感受到痛苦（图4-56）。

图4-56　剪牙钳断尾

7. 电热断尾钳断尾法

（1）加热：将断尾钳提前10~20分钟接通电源预热。

（2）固定：一只手臂夹住仔猪。

（3）断尾：在距尾根2.5厘米处将尾巴卡到电热断尾钳的凹槽里（图4-57），在尾巴断到一半时，停留1~2秒钟（目的是防止出血），然后再把剩余的尾巴剪断。

（4）检查：断完尾检查有无出血，若出血需要用断尾钳再烫一下。注意断尾时的速度不要太快，否则易出血（图4-58）。

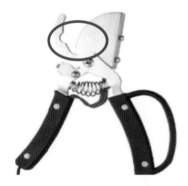

图4-57　电热断尾钳的凹槽

图4-58　电热断尾钳断尾

8. 电热断尾器断尾法

与电热断尾钳的原理是一样的，区别是电热断尾器可以固定在产床上，用起来比较方便（图4-59）。现在很多猪场都在使用这种工具。可以在电热器的一侧加一个厚度为2厘米左右的隔挡，方便人员操作。

图4-59　电热断尾器断尾

第九节　仔猪补铁

白里透红的仔猪身体健康，生长速度快。仔猪身体发红，主要是因为血液红细胞中的血红蛋白含量高。血红蛋白将氧从肺运输到组织，供组织代谢，然后将二氧化碳从组织带回肺部。而要合成血红蛋白，铁是必需的。如果猪体内缺铁就不能合成足够的血红蛋白，导致贫血，血液含氧量下降，仔猪表现出皮肤苍白（图4-60）。

图4-60　仔猪缺铁性贫血

一、补铁原因

一头仔猪出生后，体内含有40~50毫克铁。母猪乳汁中的铁含量较少，仔猪每天从母乳中只能获取大约1毫克铁。仔猪每天需要7~16毫克铁才能快速地生长，而不出现贫血。在这种情况下，体内铁会迅速减少，除非额外补充。

二、注射剂量

每头仔猪注射200毫克的铁剂，注射前注意观察铁剂的规格。

（1）铁剂规格为200毫克/毫升，每头仔猪注射剂量为1毫升。

（2）铁剂规格为100毫克/毫升，每头仔猪注射剂量为2毫升。

三、如何补铁

1. 物料准备

仔猪补铁物料如图4-61所示。

a. 连续注射器

b. 9号针头

c. 葡聚糖铁剂

d. 医用酒精

e. 脱脂棉

图4-61　仔猪补铁所需物料

2. 注射时间的选择

铁剂注射通常在仔猪出生后3天（图4-62）进行，可以与断尾和剪牙等一起操作。过早操作，对仔猪应激大；过晚操作，会影响仔猪生长。

3. 注意卫生

（1）使用无菌注射器，最好是一次性注射器，针头在使用前需经过蒸煮消毒。

（2）若使用连续注射器或金属注射器，使用前也要经过蒸煮消毒。

（3）每窝补铁结束后需要更换针头。

（4）注射部位需要用酒精棉球消毒。

4. 注意安全

仔猪被抓起时会发出尖叫，容易使母猪不安和烦躁，因此要当心母猪，不要站在易受母猪攻击的地方。

5. 针头选择

哺乳仔猪常用针头型号为9×15（9号针头，图4-63）。

（1）较大的针头会增加对小猪的刺激，也会扩大伤口，造成感染或铁剂泄漏。

（2）较长的针头插入过深会刺伤大腿或颈部的骨头，给仔猪造成伤害。

图4-62　3~4日龄仔猪

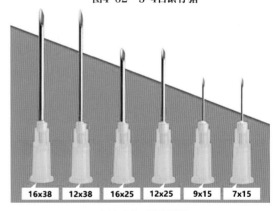

| 16×38 | 12×38 | 16×25 | 12×25 | 9×15 | 7×15 |

图4-63　针头型号

6. 注射部位

葡聚糖铁剂需要肌肉注射，注射部位多数在颈部。

（1）在颈部注射，针头与颈部肌肉要成90度角进入（图4-64）。

（2）大腿注射时，针头与肌肉成45度角进入，因腿部肌肉价值高，不建议在此注射铁制剂。

图4-64　颈部注射铁剂位置

7. 操作流程

补铁的具体操作流程（图4-65）如下。

（1）保定：一只手臂夹住仔猪。

（2）拉紧皮肤：拇指拉紧注射部位的皮肤。

（3）注射：垂直扎入颈部肌肉推注铁剂。

（4）按压：拔出针头后拇指顺势按压再松开皮肤，防止铁剂溢出。

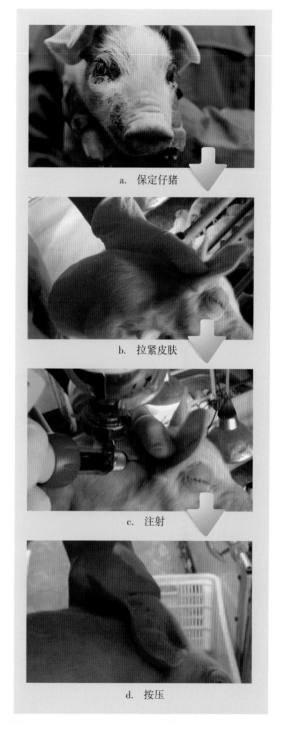

a.　保定仔猪

b.　拉紧皮肤

c.　注射

d.　按压

图4-65　给仔猪补铁的操作流程

第十节　仔猪去势

现在我们吃的猪肉通常都是经过阉割的育肥猪，假如我们抓到野外的公猪拿来烹调的话，会感觉到肉的口感不好，有一种怪味，也就是所说的公猪骚味（图4-66）。为了避免这种味道，我们要对人工饲养的小公猪进行睾丸去除手术。

去势也叫作"阉割"，就是使用手术方法摘除小公猪的睾丸（图4-67），这已经成为猪场的一项常规操作。去势的公猪达到性成熟的日龄时性情会变得温顺，生长快。

图4-66　未去势公猪

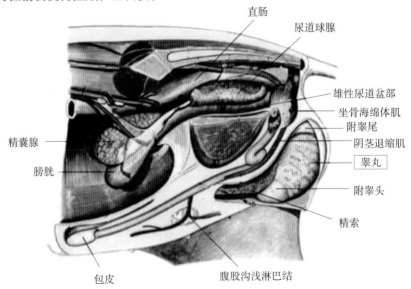

图4-67　公猪生殖系统结构

一、不正确的去势方法

（1）去势日龄过早，在出生当天去势对仔猪应激很大，特别是在没有吃够初乳的情况下。

（2）去势的刀口为横切口（图4-68），不利于脓汁的排出，也不利于伤口愈合（图4-69）。

图4-68　横切口

图4-69　仔猪伤口愈合不良

二、如何去势

1. 物料准备

仔猪去势物料如图4-70所示。

a. 棉签   b. 毛巾   c. 托盘   d. 刀柄   e. 刀片

图4-70　仔猪去势所需物料

2. 去势时间的选择

去势时间一般选择在仔猪3日龄时，通常与注射铁剂等一同进行。如果时间不允许，这一操作也可以推迟到5~10日龄进行。日龄小的猪易止血，伤口愈合得更快。夏季去势时为防止应激应避开高温时段，一般选择在上午进行。

3. 注意卫生

（1）保证接触手术部位的手是干净的。

（2）切口区域要干净，术前对手术部位进行消毒。

4. 术前注意

去势前要检查猪的睾丸，如果阴囊变大表示有疝气，应做好标记按疝气猪的手术方法进行处理（图4-71）。

图4-71　仔猪去势术前检查

5、保定方法

（1）双手保定（图4-72）：用两只手分别抓住猪的两条后腿将猪倒提。这种保定方法一般需要两个人操作，多见于体重大的猪。

（2）单手保定（图4-73）：一个人完成去势操作，一只手抓住仔猪的大腿部，另一只用来拿手术刀。这种保定方法适用于3~7日龄的仔猪，操作方便且效率高。

（3）去势架保定：将仔猪放到专用的去势架（图4-74）里进行固定。这种保定方法适用于日龄稍大的仔猪。

图4-72　双手保定　　　**图4-73　单手保定**

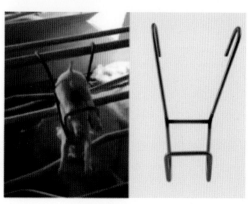

图4-74　去势架保定

6.去势方法

仔猪去势具体操作流程（图4-75）如下。

（1）捏：用手抓住仔猪后腿顺便将睾丸捏住，便于手术操作。

（2）消：用碘酊对切口区域消毒。

（3）切：对两侧包裹睾丸的阴囊皮肤各切一竖切口，切口要平整且不要太大。

（4）挤、扯：切开包裹睾丸的皮肤后，把睾丸挤出来，这时用手捏住睾丸并把连接睾丸的精索和血管扯断。检查精索有没有留在切口外，若有应将其扯出来，否则会造成感染并影响伤口愈合。

（5）消：去势完成后对切口再消毒。

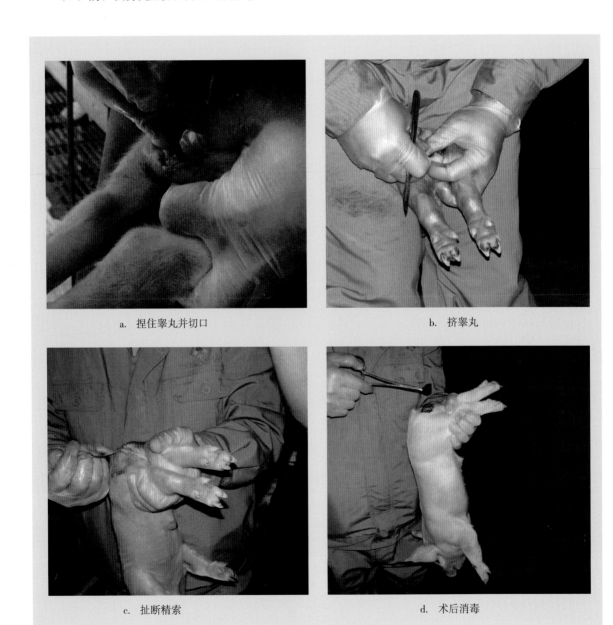

a. 捏住睾丸并切口　　　　　　　　　　　　b. 挤睾丸

c. 扯断精索　　　　　　　　　　　　d. 术后消毒

图4-75　去势操作方法

第十一节　仔猪寄养

猪场的寄养是指在猪场的产仔舍内为了让仔猪吃到足够的奶水将部分仔猪给别的母猪喂养（图4-76）。比如母猪A产了12头仔猪，但是只有10个有效乳头，母猪B产了10头仔猪，而它有12个有效乳头，为了让仔猪都能吃到奶水，需要将母猪A产下的2头仔猪拿给母猪B喂养。

我们每天要观察刚出生仔猪的吃奶情况，可以通过仔猪的一些外在表现判断它们有没有吃够奶水，例如因奶水不足引起的争抢、打架（图4-77）、腹部较瘦等现象。

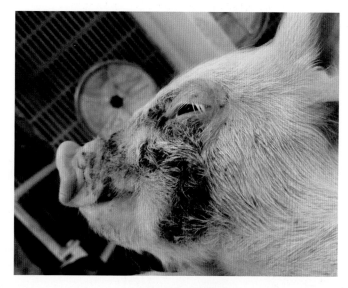

图4-77　仔猪打架

图4-76　仔猪寄养

一、寄养背景

需要进行仔猪寄养的情况主要有以下几种：

（1）仔猪数超过母猪的有效乳头数，多余的仔猪需要寄养给别的母猪（图4-78）。

图4-78　产仔过多

（2）仔猪体重大小不一，弱小的仔猪会抢不到奶水（图4-79）。

图4-79　仔猪体重大小不一

（3）母猪奶水不好造成仔猪比较瘦弱。比如有些母猪患有乳腺炎、乳头受外伤等拒绝哺乳（图4-80）。

图4-80　奶水不好

（4）有的母猪产仔数少，需要把其他吃不到奶水的仔猪转到产仔数少的母猪处寄养（图4-81）。

图4-81　产仔过少

二、如何寄养

1.寄养时间

仔猪出生后吃足初乳，具备一定的机体免疫力之后，再进行寄养。在仔猪的哺乳期内约有3次寄养机会。第一次也是最为主要的一次，寄养时间为产后3天以内。第二次寄养为产后7天左右。第三次寄养为产后14天左右。后面两次只是对哺乳过程中个别瘦弱的仔猪进行寄养（图4-82）。

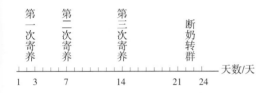

图4-82　寄养时间表

2.寄养原则

（1）转大不转小：同窝中尽量转走体重大的仔猪，留下体重小的仔猪。因为体重大的仔猪转到其他窝中会更有竞争力，更容易存活下来。

（2）留弱不留强（图4-83）：留下相对较弱小的仔猪继续吃原母猪的奶水。

（3）数量最小化：每次转猪时尽量做到数量最小化。

（4）日龄差异：寄养时两窝仔猪之间的日龄最好不要超过3天。

（5）寄养母猪选择：产过3~5胎的母猪奶水分泌充足，是寄养母猪的最佳选择。

3.让母猪接受寄养仔猪

母猪可能会攻击或者拒绝哺乳刚刚寄养过来的仔猪。为了避免这种情况的发生，我们可以采用混群、喷消毒剂、往寄养仔猪身上洒带有香味的爽身粉、尿液等方法。

4.观察吃奶行为

寄养后仔细观察寄养仔猪的吃奶行为（图4-84），找出没有吃到奶水的仔猪，然后重新寻找寄养母猪。母猪的乳头如果3天没有被吮吸就会无乳，因此寄养应在这个时间段内完成。

图4-83　留弱不留强

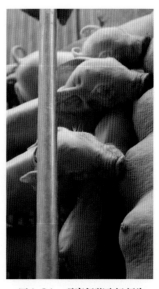

图4-84　观察仔猪吃奶行为

第十二节　教槽

　　乳汁是哺乳前期仔猪的主要食粮。但是经过2~3周之后，随着仔猪的生长，母猪的产奶量满足不了仔猪的营养需求，这时就需要给仔猪提供额外的食物补给——教槽料。正确的教槽饲喂方式一方面可以提高仔猪断奶重，另一方面还可以促进仔猪消化道的发育，让仔猪在断奶后快速适应固体饲料，提高采食量。

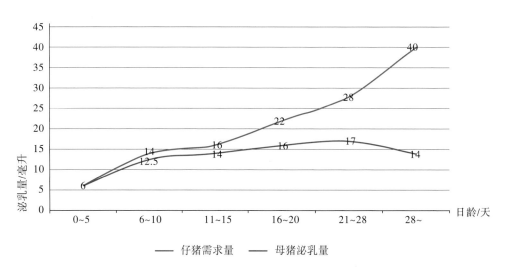

图4-85　仔猪需求量与母猪泌乳量

　　现在的教槽料由熟的谷物、奶粉、鱼粉、动植物蛋白和植物油等构成（图4-86）。它不但能刺激消化酶的分泌，有利于消化，而且味道好，提高了饲料的适口性和仔猪的采食量。

图4-86　教槽料

一、如何教槽

1. 物料准备

仔猪教槽物料如图4-87所示。

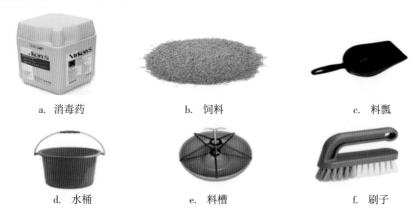

a. 消毒药　　　　　b. 饲料　　　　　c. 料瓢

d. 水桶　　　　　e. 料槽　　　　　f. 刷子

图4-87　　仔猪教槽所需物料

2. 教槽时间

为了让仔猪能尽早识别固体饲料，教槽时间宜从7日龄开始（表4-1），但仔猪要到14日龄以后才能开始吃料。一般来说，仔猪14日龄前胃内仅能产生凝乳酶消化乳汁，14日龄后才能产生盐酸消化固体饲料。

表4-1　　教槽日龄对生产性能的影响

教槽日龄/天	出生重/千克	45日龄均重/千克	日增重/克	下痢比例/%	进入自由采食日龄/天
5	1.49	12.60	248	18.8	26~30
7	1.50	13.45	266	18.5	20~25
11	1.50	12.10	236	23.7	28~32
16	1.50	11.70	227	27.4	31~36

3. 料槽选择

对于料槽样式的选择及摆放位置主要从以下几方面考虑。

（1）颜色鲜亮（图4-88）。

（2）料槽壁高8厘米左右。

（3）位置准确：有足够的空间供几头仔猪同时食用。

（4）容易被看见（放在灯光下）。

（5）固定住：防止仔猪将其拱翻。

（6）容易清洗：要求料槽表面是光滑的。

图4-88　料槽

4. 教槽料量及教槽频率

教槽料本身有香甜味，如果放的时间太长就会淡化香味，对仔猪没有吸引力，同时也会造成饲料的浪费。因此开始教槽时要求勤添少喂，每头仔猪5~10克饲料，2小时/次（图4-89）。随着仔猪的日龄增大可以逐渐增加饲喂量。

图4-89　饲喂教槽料

5. 料槽清洁

要时刻保持料槽的清洁干净，保证料槽内不会出现被污染的饲料（图4-90）。为避免料槽被弄脏，理想的料槽放置应位于补饲区的后缘处，避开水源、热源和后部排粪区，特别要避开角落。若料槽常被弄脏，应更换位置。

图4-90　清洗干净的料槽

6. 饮水

常常通过给仔猪提供充足的饮水来促进其采食，因此产床上必须有仔猪饮水器（图4-91），但水压不要太大，控制在0.3~0.5升/分钟。

图4-91　仔猪饮水器

7. 不正确的饲喂方式

下图中的饲喂出现了什么问题（图4-92）？

a. 料槽不干净

b. 加料过多

图4-92　不正确的饲喂方式

第十三节　哺乳母猪的饲喂

　　哺乳期母猪的饲喂影响仔猪的生长发育、母猪的繁殖性能以及断奶后的受胎率。如果哺乳期母猪采食量不足，将导致哺乳期母猪的失重和背膘损失过大，这将直接影响断奶至发情的时间间隔、配种率和以后的窝产仔数。因此，应该尽可能增加哺乳期母猪的采食量，保证母猪采食量最大化。

一、哺乳母猪饲喂的目的

哺乳母猪饲喂管理主要包括以下几点：

（1）尽可能减少死胎数。

（2）保持乳房健康，以保证充足的初乳和常乳的供给。

（3）保证仔猪达到最大的断奶重。

（4）尽量减少母猪的体重损失和背膘损失。

二、程序重点

1. 饲喂标准

母猪在哺乳期的不同阶段对饲喂量的需求不同，因此有必要预先制定一个饲喂标准，具体的饲喂标准可参见下表（表4-2）。因初产母猪的食欲较经产母猪差，所以初产母猪和经产母猪饲喂标准可能会略有差异，各个猪场可以根据自己的实际情况稍作调整。

表4-2　产房母猪饲喂标准表（参考）

分娩前后天数/天	上午饲喂量/千克	下午饲喂量/千克	每日总饲喂量/千克
分娩前2天	0.9~1.25	0.9~1.25	1.8~2.5
分娩前1天	0.9~1	0.9~1	1.8~2
分娩当天	0.5/不饲喂	0.5/不饲喂	1/不饲喂
1~4	0.9~1.25	0.9~1.25	1.8~2.5
5~断奶	自由采食	自由采食	自由采食

注：分娩当天，如果母猪吃饲料就饲喂0.5千克（半日量），如果不吃就不饲喂。

2. 料槽卫生

采食量在很大程度上受饲料的新鲜度和适口性的影响，因此在喂料前需要检查料槽卫生，去除陈旧饲料以保证料槽干净（图4-93）。饲喂标准卡的使用可以减少过度饲喂或料槽堆积陈旧饲料。

3. 校正料重

在哺乳过程中，母猪饲喂量不断增加，需要根据母猪饲喂标准要求并结合实际情况校正料重（图4-94）。此外，由于粉料和颗粒料的密度不同，要校正重量。

图4-93　保证料槽干净

图4-94　校正料重

4. 产前少喂

产前一定要少量饲喂（图4-95）。若产前过量饲喂，会使乳汁分泌量超过仔猪的需要而引起乳房炎，乳房炎易引起产后少乳或无乳症，从而导致死胎数增加。

图4-95　母猪剩料

5. 平稳控制采食量

饲喂标准由哺乳期母猪的食欲和泌乳曲线决定，逐步增加饲喂量可以减少母猪的应激。

6. 对不吃料猪的处理

如果剩余的饲料比较多，可以漏喂一次；如果下次喂料时，料槽中有料，应先把剩料全

图4-96　饲料发霉

部清除掉（图4-96），并适当减料；如果母猪完全丧失食欲，很可能是母猪生病了，应及时检查该猪的体温等健康状况指标，母猪完全丧失食欲最可能发生于刚刚生产结束时。

注意：一些母猪采食量比饲喂标准高，如果喂完料后，料很快被吃光，并且母猪表现出想继续采食时，产后5天可让其自由采食（图4-97），具体的量由经验来判断，但不能过量使其食欲废绝。

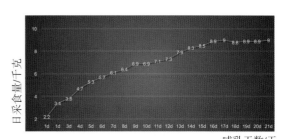

图4-97　哺乳母猪采食量

7. 环境影响采食量

在一定的环境条件下，如高温、高湿环境，大部分母猪达不到饲喂标准所要求的采食量，这时，应根据情况调整饲喂量，避免饲料在料槽中剩余。

8. 饮水供应

充足的饮水供应有利于母猪达到所要求的采食量标准。应每天检查饮水器，水流速度必须达到2~4升/分钟。比较合理的哺乳期给水量是每天20~35升，如果达不到合理给水量，则应在产前和产后5天多给水（图4-98）。

图4-98　饮水供应充足

三、如何饲喂

1. 饲喂时间及次数

（1）产前至产后5天：2次/天。

（2）产后5天：3次/天（随季节不同略有调整。夏季晚上补饲，通常饲喂4次）。

2. 饲喂前准备

饲喂前应清理料槽，检查饮水器。

3. 按照饲喂标准饲喂

（1）分娩前2天至分娩，饲喂量为1.8~2.5千克/天。

（2）分娩当天，母猪起来吃食就稍加饲料，不起则不加。

（3）随后视母猪食欲，每天增加0.5~2千克饲料，争取产后5天达最大饲喂水平（根据个体情况确定）。大部分母猪在5天内都能吃光饲料，争取在产后第5天达到自由采食。

4. 特殊情况处理

（1）如果母猪在分娩后两天内不吃料，检查其体温和乳房情况。

（2）如果下次饲喂时，料槽有余料，则清除旧料，适当减少饲喂量。注意：高温会降低母猪的食欲。

（3）如果下次饲喂时，料已吃尽，可以按标准适当增加饲喂量。

（4）如果料槽中饲料剩余很多或根本没吃，不喂母猪并检查其健康，然后做出处理。在下次喂料前清理槽中饲料。尽可能使该母猪恢复到饲喂标准。

5. 每次饲喂时注意事项

（1）将未站立吃料的母猪及时赶起。

（2）在饲喂表上记录饲料给量，并注明时间和出现的问题。

（3）检查饮水器，保证其充足的流速，确保流速达到2~4升/分钟。

第五章 保育育肥舍管理

保育育肥舍是猪场效益的"变现器"。保育育肥阶段是指仔猪由断奶生长至出栏的阶段。在该阶段通过给猪提供舒适的环境、合理的营养等日常管理手段来达到高的料肉比、日增重和成活率，达到降本增效的目的。

断奶仔猪早期的管理工作是保育育肥舍管理的重中之重。该阶段仔猪最易出现各种健康问题，饲养员要帮助仔猪适应新的环境，快速度过应激阶段而恢复生长。

全进全出和优秀的卫生管理模式是保育育肥舍成功管理的基础。断奶早期猪的健康和生产效率必须依靠良好的环境和营养、管理间的相互协调。

那么，如何达成以上目标呢？本章主要从进猪前准备、保育早期规范、日常巡栏管理和保育育肥阶段的饲喂等方面重点展开阐述。

第一节　进猪前准备

　　仔猪断奶、转群、运输至新的栏舍是一个强烈的应激过程，这时需要给猪提供一个温暖、干燥、自由、舒适且通风良好的环境。现代保育舍的设计要综合考虑栏内空间及布局、卫生条件、饮水及饲料的获得等因素，提供一套使保育舍猪快速生长且费效比合理的设备（图5-1）。

图5-1　保育舍

一、保育舍进猪前准备

1. 猪舍结构

猪舍的结构通常采用高度绝热设计，从而保证在室外温度低时，热量损失最少。

2. 加热和通风

保育舍全年采用机械通风，通风的目的是提供氧气，排出有害气体和水蒸气。当室外温度低时，加热器（通常是热风机或暖气管道，见图5-2）为所有保育舍猪提供适宜的温度。当室外温度高时，还可以通过通风来降温。

a. 暖气管道　　　　b. 热风机

图5-2　加热设备

3. 漏缝地板

保育舍通常采用高床设计，使用由铁或复合塑料制成的漏缝地板（图5-3）。漏缝地板由具有自我清洁功能的不吸水物质制成，在冲洗程序结束以后，可以迅速干燥。

图5-3　漏缝地板

4. 围栏和栏门

围栏和栏门（图5-4）可以用垂直或水平方向的坚固的铁管或塑料管制成，但要易于清洗。饲养员在赶猪上会花费大量时间，因此门的设计要易于开关且安全，这是非常必要的。

图5-4　保育舍栏门

5. 料槽

料槽一般放置在围栏、栏门或栏舍的中间。保育舍一般采用人工方法或自动喂料系统将饲料输送到料槽，根据猪的大小调整最合适的饲料量，从而使浪费降至最小。对于刚断奶的仔猪可以增加浅食盘（图5-5），使采食更容易。

6. 饮水系统

在保育舍一般使用碗式或乳头饮水器（图5-6），通常会在饮水管道上加装加药器，以便将电解多维、水溶性酸或水溶性药物加入水中。

7. 特别护理设备

特别护理栏和病猪栏，通常使用垫板和加热垫。这些通常用于断奶时很小的猪和断奶后生长过慢的猪。

图5-5　保育舍浅食盘　　　图5-6　检查饮水器

二、操作要点

1. 物料准备

（1）必备工具有围栏、门、料槽、工具箱、乳头式饮水器、加药器、电解质（图5-7）。

（2）如果条件允许可增加的工具包括加热垫、垫板、烤灯、额外的饲料盘或饮水盘、水溶性酸或水溶性药品。

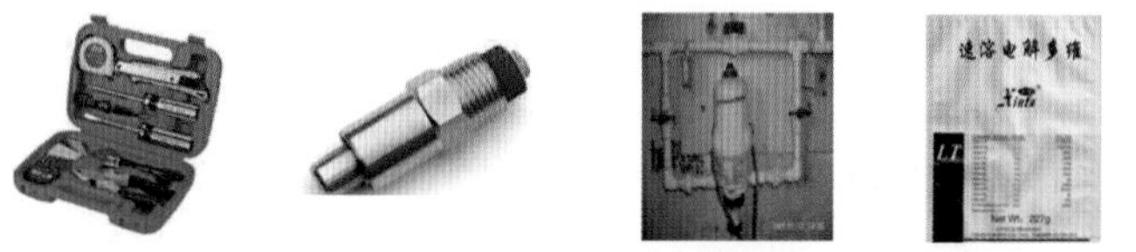

a. 工具箱　　b. 乳头式饮水器　　c. 加药器　　d. 电解多维

图5-7　保育舍进猪前准备所需物料

2. 卫生

要按照冲洗程序，清洗并干燥保育舍房间，从而避免将疾病带给下一批仔猪。

（1）在消毒前应除去所有的有机物质。

（2）杀死剩余细菌的最有效方法是烘干或晾干。

（3）两批猪间隔的时间越长，对细菌的杀灭作用就越有效。

3. 保育栏内设备

为使仔猪尽快适应新环境并确保仔猪安全，保育栏内要准备好必须的物品和保持通道畅通。要彻底检查地板、栏门、饲料槽、饮水器等所有物品，如有损坏或异常，就进行必要的修理（图5-8）。

图5-8　检查栏内设备

4. 饮水系统

仔猪在断奶期间会变得很缺水，因此需要保证猪一进保育舍就能很容易地获得饮水。需要特别注意饮水器的高度（与猪肩同高）和流量（至少0.8升/分钟）（图5-9）。

图5-9　饮水器高度

检查保育舍房间内所有设备是否齐全。

①加热器

②垫板

③所有围栏和栏门

④栏门插销

⑤隔离栏

⑥料槽或料盘

为有效防止仔猪在断奶过渡期出现问题，要按照饮水系统给药操作加入电解多维、水溶性酸或水溶性药品（图5-10）。电解质能保持猪体内矿物质平衡并能预防饮水下降时仔猪脱水；水溶性酸可以帮助仔猪保持肠道内低的pH值，从而抑制肠道内细菌的生长；水溶性药物可以控制断奶过渡时期的特殊病原体感染。

图5-10　加药器

5. 料槽

饲喂前，为防止教槽料受到污染，我们要除去料槽内残留的消毒液和水。饲料被水打湿后容易堵塞料槽，仔猪采食时无法使用；消毒液会使饲料变质，有的消毒液对猪有毒性。

料槽应靠围栏或地板放置（根据类型不同采用不同的放置方法）并完全关闭调整口，以便随后饲料加入料槽时能正确调整流量（图5-11）。绞龙输送管要放于料槽上方，降到饲料隔离处底部以上约15厘米处。

图5-11　调整料槽流量

在猪进入保育舍以后，可以放置额外的料盘，但要避开猪活动的路线（图5-12）。

图5-12　料盘摆放位置

6. 用电安全

电对饲养员和猪都十分危险，用电不当往往会造成很严重的后果，因此一定要从以下几个方面做好用电安全工作（图5-13）。

（1）电线和电器设备平时要严格保护以免受损或沾水。

（2）冲栏时也要采取一些措施确保用电安全，尤其是在冲洗进行时，一定要确保冲洗水流避开电器设备，包括加热垫和加热灯等可移动设备。

（3）在使用电器设备前要进行详细的安全检查，并维修损坏的电器，要特别注意电线、插头以及插头与设备的连接处。

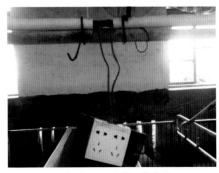

图5-13　注意用电安全

7. 环境控制设备

环境管理的目的是满足保育舍仔猪对环境的需要，包括温度、通风、湿度、空气流通等。

刚断奶仔猪对环境的要求与待育肥猪不同，因此必须按照环境控制系统的规定对下一批猪重新设置环境控制器。在重置的过程中，要对风扇、加热器、幕帘、出口和进口进行检查，要检查测试报警和过载保护设备，以保证它们能正常工作（图5-14）。

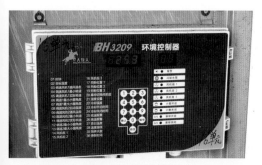

a. 环境控制器

b. 幕帘

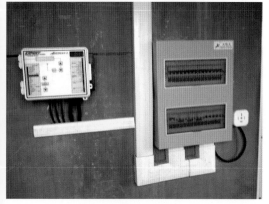

c. 过载保护设备

图5-14　环境控制设备

8. 特别护理栏和病猪栏

特别护理栏和病猪栏主要对断奶较早或瘦弱的仔猪和断奶后生长比较缓慢的仔猪进行特别照顾（图5-15、图5-16）。在将猪赶入保育舍之前必须先准备好特别护理栏、病猪栏、恢复栏。这些栏通常设置在保育舍房间的中心（最温暖的地方）。

需要特殊护理的仔猪应在断奶前做好标记，以便识别。将这些仔猪放在特别护理栏以便根据他们的特别需要进行生产管理，比如瘦弱的猪需要更多教槽料。需要特别护理的一栏或几栏需要有垫板或局部加热器，以达到合适温度（较小仔猪需要较高的温度）。

那些在断奶2~3天后，由于吃料较少或未觅食而生长滞后的猪同样也需要特殊护理。特别护理栏内的猪应按要求给药和仔细观察，一旦表现出恢复的良好迹象，可以将其放入恢复栏。

图5-15　饮水加药

图5-16　病弱猪饲喂粥料

第二节　保育猪早期管理

由于断奶和转群等应激因素的影响，仔猪面临的自身健康问题和环境压力加重，从而影响仔猪的健康成长（图5-17）。

仔猪断奶后不会主动吃料和饮水。这时候饲养员的任务就是诱导断奶仔猪适应保育舍的环境，并诱导仔猪学会自行吃料和饮水。仔猪断奶后前几天的采食量对整个保育阶段有很大影响，较高的采食水平可以减少健康问题。

图5-17　断奶应激

为什么保育早期管理是必要的？断奶时，仔猪经历了被驱赶、运输等一系列的刺激，保育舍内新的环境也给它们造成相当大的压力。在母猪身边时，仔猪习惯了大约一小时吃一次奶，而断奶后仔猪（图5-18）不得不适应从吃奶到采食新鲜饲料和水的转变，需要时间去学习适应。这种适应是困难的，仔猪可能会花费很长时间才能学会使用料槽和饮水器。因此需要进行保育早期管理，使仔猪更好地生长，减少健康问题。

图5-18　断奶仔猪

一、程序介绍

1. 转猪时间

在转猪过程中，仔猪要不断应对环境的变化，会很热、很累并且有脱水表现。为了使转猪后仔猪有足够的时间休息，理想状况下是在上午9点以前能够完成分栏工作。这样，新断奶猪就可以得到充分的休息，同时饲养员也有充足的时间照顾断奶仔猪。

2. 饮水和休息

仔猪在产房时大约每一小时喝一次奶，可能也喝一点新鲜水。当它们被转到保育舍时，可能已经过去几小时，这时仔猪需要开始饮水（图5-19）。赶猪使仔猪又热又体虚，这有利于饮水。

图5-19　仔猪饮水

图5-20　浅食盘摆放位置

仔猪对碗式饮水器较易适应，但使用碗式饮水器仍可能有部分仔猪喝不到水。因此首次饮水时，最好能在保育栏内放一个浅食盘（图5-20），诱导仔猪饮水。

大约30分钟后，当所有仔猪都喝饱水，移走浅食盘，让仔猪安定下来，休息3~4小时。

3. 首次采食

仔猪休息结束后，大多会起来熟悉新的环境。这时可以在浅食盘内放入少量的教槽料(10克/头)，诱导仔猪采食（图5-21），让仔猪尽快开口吃料。同时在料槽内加入相当的饲料，目的是让仔猪尽早学会使用料槽，熟悉固体饲料的外形和味道。

图5-21　诱导仔猪采食

4. 断奶第一天达到良好的采食量

前几天的采食量对整个保育舍生产成绩有较大影响。每2小时重复一次刺激采食，可以提高第一天的采食量。假设转猪时间为早上9点，在下午1点第一次刺激采食，则推荐在下午3点、5点、7点和9点喂食教槽料，也可以使用料槽，以便仔猪在夜间也能采食。

若仔猪转入保育舍的时间迟于上午9点，就无法执行频繁的喂料规定来提高早期的采食量，这对后期的生产成绩影响很大。因此应合理安排转猪工作，保证在上午9点以前完成分栏。

5. 刺激第二天的采食

若前一天转猪时间迟于上午9点，则第二天继续采用浅食盘刺激采食，直到所有仔猪均能通过料槽进行采食。若前一天转猪时间早于上午9点且所有仔猪均已学会通过料槽进行采食，则直接用料槽喂食即可。

6. 三点定位

三点定位是指通过一系列的调教和准备工作，使仔猪做到定点采食、定点休息和定点排粪（图5-22）。使仔猪形成良好的习惯，往往需要几天的时间，但这有助于减少后期的工作量并利于保持清洁的猪舍环境。三点定位工作可以借助于洒水、撒麸皮（米糠/木屑）、驱赶和清扫等程序完成。

图5-22 三点定位

二、操作程序

1. 物料准备

仔猪早期管理的物料如图5-23所示。

a. 保育浅食盘

b. 料桶

c. 开口料

d. 料车

图5-23 早期管理所需物料

2. 操作程序

（1）检查环境是否稳定，猪舍是否清洁干燥，加热器是否正常工作，预热温度是否达到（图5-24）。

（2）清洗所有饮水器，确保断奶仔猪能喝到干净的水。

（3）在饮水系统加入电解质，在栏内放入加满电解质水的浅食盘（根据群体大小确定）。

（4）首次饮水时盘内装满水后让仔猪喝水约30分钟。饮水完成后把盘放在走道上，翻过来沥干。

（5）按仔猪的体重、大小、强弱初步分栏。

（6）分栏后让仔猪休息3~4小时（图5-25）。

（7）放入装有少量（10克/头）教槽料的浅食盘，并招呼仔猪来吃。每2小时执行一次。并在正常使用的料槽内放入少量教槽料，调整每栏料槽下料口。

（8）当完成刺激采食后，移走浅食盘并立刻清洗消毒备用。如果断奶是在第一天的9点后完成，在断奶第二天需要继续刺激采食。

（9）利用猪的生活习性建立采食区、休息区和排粪区（图5-26）。把断奶仔猪粪便集中到饮水器附近或者是远离休息区和料槽的一角，作为堆粪点，并对不在堆粪点拉尿的仔猪进行驱赶，持续一周。

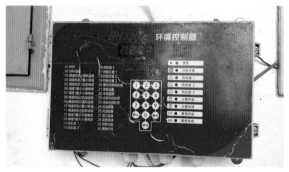

图5-24　调节猪舍温度

图5-25　仔猪休息

图5-26　三点定位的排粪区域

第三节　巡栏管理

巡栏是日常工作的重点，通过巡栏（图5-27）可以提早发现猪的异常情况，从而最大限度减少猪的问题。及早发现病猪、受伤的猪或其他问题猪，可以迅速采取治疗措施，减少对猪的福利、生产成绩和生产成本的影响。可通过感觉诊断，包括听、触、闻、看，即通过外表、行为、声音和气味的异常来区分病猪。

图5-27　巡栏

一、巡栏方法

每天从三个层面（整体—局部—个体）巡视猪群。

 猪舍巡视 → 厂区卫生、舍内通风、温度及湿度、生物安全

猪栏巡视 → 饲料、饮水、大群状态、卫生

猪只巡视 → 异常表现、体温、采食、精神状态、体况等

1. 具体关注点

（1）猪的采料情况、饮水量。

（2）猪的生理活动、精神状态。

（3）排泄物及异常表现。

（4）病弱猪护理。通过猪的以下几方面表现快速识别病弱猪（表5-1）。

①被毛凌乱或打结。

②瘦骨嶙峋，腹部凹陷。

③精神沉郁，垂头嗜睡，不争食。

④挤成一团或离群独处，通常依靠墙壁。

⑤体温高于39.5摄氏度,可能被其他猪围攻。

2. 注意事项

（1）不断地观察：饲养员必须时刻注意猪的外表和行为表现，而不仅仅在日常观察时才注意。

（2）及早发现，及早处理：问题发现得越早，就能越快被处理，及早处理就能减少对猪的健康、特殊福利及生产成绩的影响。

表5-1 猪的感官鉴别诊断表

项目	健康猪	病弱猪
被毛	毛色发亮	毛长无光
眼睛	眼睛清澈	眼屎多，眼神无光
食欲	食欲好	食欲差
活力	对周围环境感兴趣	低头不语，行动慵懒
呼吸	休息时呼吸均匀	呼吸粗重
行动	行走自由，关节无异常	跛行，脚步无力
粪便	粪便成型，多为长条形	稀粪或血便
尿液	尿液清澈，呈淡黄色	尿液呈深黄色或尿血
皮肤	皮肤呈健康粉色	皮肤粗糙，有伤疤
鼻子	鼻子湿润干燥	鼻子干燥
耳朵	耳朵自由摇摆，反应迅速	耳朵下垂无力
尾巴	尾巴上翘有力，下摆自由	咬尾或夹尾巴跑

二、如何巡栏

1. "三个一"原则

每一天观察每一栏的每一头猪。仔细观察，不要走过场。仔细观察头部（鼻子、嘴巴、眼睛、耳朵），背部（被毛、皮肤、膘情），胸腹部（呼吸、腹部饱满度），尾部（尾巴、肛门）以及整体（行走姿势、精神状态，有无脱水和其他异常）。

2. 感官诊断

感官诊断包括听、触、闻、看。通过外表、行为、声音和气味来区分病猪，具体诊断方法可以根据实际需要选择使用（表5-2）。

表5-2 健康猪与病猪感官诊断表

感官诊断		健康猪只	病猪
外表	皮肤	完好无损；干净，粉红，有光泽；被毛有光泽，柔顺	粗糙，有皱褶，受损，干燥，苍白，没有弹性；被毛很长；红肿，结痂，有黑色油垢块
	身体	体况好，有一定弹性；腹部正常；鼻盘湿润，但不流涕；眼睛干净，明亮；卷尾	体况差，清瘦，骨头突出；腹部鼓胀或干瘪；关节肿大，错位；流涕或鼻出血；流泪，目光呆滞；尾不卷，咬尾
	粪	灰色或棕色；有一定黏度	有黏液，带血；下痢
行动		行走正常；动作敏捷；平衡协调好；昂头	跛脚，僵直；行动慢或不能站立；失去平衡，不协调；低头
行为		机警，反应灵敏；合群；喜吃料，饮水；躺卧正常，舒展四肢；对饲养员反应良好	精神不振，反应迟钝；独处；食欲废绝；蜷缩，颤抖；不理睬或害怕饲养员
体温和呼吸		体温正常，为38.0摄氏度~39.3摄氏度；呼吸频率为20~30次/分钟	高于或低于正常体温；呼吸频率高或喘气；咳嗽或打喷嚏
声音		正常的呼噜声；抢食的叫喊声	生病时的呻吟声；安静，没声音
气味		正常	下痢气味
触觉	皮肤	光滑，正常	肿胀，有脓肿，皮温升高
	关节	正常，不肿	肿胀，有脓肿

3. 处理方法

（1）情况一：某头猪被确定为病猪但仍然抢食。

①在原栏内饲养及治疗。

②标记以方便跟踪观察。

（2）情况二：病猪不抢食。

①转入病猪栏（图5-28）进行治疗。

②饲养管理要点与弱猪相同。

③咨询兽医，对症治疗（图5-29）。

④三天内对病猪治疗无效则更换药品。

⑤淘汰无价值的病猪，妥善处理。

图5-28　标记病弱猪并放入病猪栏

图5-29　治疗病猪

第四节　商品猪饲喂管理

　　饲料是补充猪营养需要的第一要素，只有吃得好，才能长得快。饲养员必须保证猪能随时得到干净、新鲜的饲料（图5-30），为其提供充足的营养，才能获得最佳的生产成绩。

　　猪的生长速度取决于每日营养的摄入量和饲料的养分浓度。刚断奶的猪采食量是很低的，因此需要提供高营养浓度的饲料。随着采食量的增加和消化能力的增强，饲料中的营养浓度可以降低。

　　保育育肥期的主要目的是取得最大的饲料报酬。为了达到该目标，饲喂方案就必须要满足不同体重的猪对营养的不同需要。这就要求针对不同体重阶段的猪设计不同的饲料。

图5-30　供给干净、新鲜的饲料

一、饲喂概述

营养学家针对不同区域原料的来源、猪的品种和健康状况、不同的气候和饲养方式，配制不同成长阶段的饲料。在猪的生命周期中，一般要使用4~6种饲料来满足猪的营养需求。

随着猪的生长，饲料中蛋白质与能量的比例——蛋/能比（通常以赖氨酸/能量表示）下降，这样就减少了饲料成本和每千克增重的成本。图5-31表明了采用4种饲料和6种饲料分别进行阶段饲喂与猪的实际需要

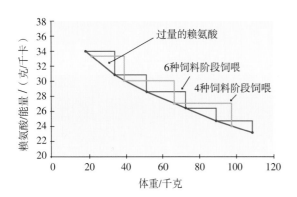

图5-31 赖氨酸/能量随体重的变化
（资料来源：加拿大PPT公司提供的养猪培训教材）

（赖氨酸/能量）的关系，所用饲料种类越少，赖氨酸就易过量。

猪的营养需要决定了猪对不同生长阶段饲料的需求量。饲料的种类和猪对不同生长阶段饲料的需求量应与猪的生产成绩和胴体品质相对应。

饲养员的工作不仅仅是喂料，还必须保证特定的阶段喂特定的料，同时保证在浪费最少的情况下猪能随时吃到质量过关的料，从而使猪能发挥最大的生长潜力。

仔猪断奶后为什么要饲喂教槽料？

（1）仔猪在断奶时，会受到很大的营养应激，同时因为仔猪从被动免疫（从初乳中获得）过渡到主动免疫（自身免疫系统逐渐完善），所以这时它对疾病的抵抗力也处于最低水平。

（2）教槽料是用效果近似母乳的营养成分配制的，营养价值高。

（3）对于仔猪来说，教槽料的适口性很好，仔猪喜欢采食，也有利于仔猪的消化。

二、程序重点

1. 检查饲料质量

对每次运来的饲料都要检查其外观和气味是否正常（图5-32）。若饲料颜色异常，有霉变，发热或有异常气味，则立刻通知负责人。若所用饲料质量差，将严重影响断奶猪的生长成绩。

a. 新鲜饲料　　　　b. 霉变饲料

图5-32 饲料检查

2. 正确调整料槽

多数料槽都有一个能让饲料落入槽中的调整设置。为了保证饲料正常下落，同时适应饲料形状的改变，必须定期检查料槽是否调整合理。例如某阶段的饲料颗粒增大，则需要根据实际情况来调整料槽（图5-33）。

（1）若缝隙过大，则会有过多的饲料落入槽内，一般情况下猪喜欢从槽底吃料，而且会拱开旧料寻找新鲜的颗粒料。这样会导致槽中留下不新鲜的饲料，出现饲料浪费的状况，最终导致猪的采食量减少，料肉比增加，每头猪的饲料成本也相应地提高。

若在栏内地板上或在粪坑内可以看见饲料，则应调整或更换料槽，预防浪费。料槽有破损，应及时联系相关人员处理，避免引起健康问题。

（2）若缝隙太小，使饲料下落太少，则猪会争食，在料槽旁打斗，导致猪的采食量和日增重减少。若情况不处理，还会出现咬尾、咬耳和咬侧腹等问题。

（3）当缝隙适中，下料口调整合理时，料槽平面会呈现"五五"原则，即50%的平面有料，50%平面是空的。

在料槽内理想的饲料量取决于料槽的设计、猪的体重和饲料的类型。不仅各农场有自己的标准，而且随着猪的生长，料槽和料位宽度也会有所不同（表5-3）。在保育舍阶段料槽内正确的饲料量由猪场管理制度结合饲养员的经验决定。

a. 下料口缝隙过大　　b. 下料口缝隙过小　　c. 下料口缝隙适中

图5-33　下料口调节

表5-3　根据不同饲喂方式决定料位宽度

猪的体重/千克	每头猪的料位宽度/毫米	
	限饲	自由采食
10	130	35
20	160	40
50	215	60
90	260	70
100	275	75

资料来源：GADD J. 现代养猪生产技术[M]. 周绪斌，张佳，潘雪男，主译. 北京：中国农业出版社，2015.
注：表中数字是根据猪栏中最大的猪定制的，并非平均值。

图5-34　料槽堵塞

图5-35　清空料槽

3. 饲料卫生

当料槽调整正确后，饲料会稳定落入槽中配合猪的采食，在这种情况下，饲料是新鲜干净的。而由于保育栏和料槽的设计问题，偶尔仍会出现料槽堵塞的情况（图5-34）。

通风量小是导致料槽堵塞的原因之一。通风量小会导致饲料设备中饲料的凝结，当水滴或尿液进入料槽的贮料部位时，会引起湿料和霉料的堆积，从而导致料槽堵塞。无论什么时候，如果饲料堵塞料槽或变质，就一定要清除掉这些饲料直到解决问题。

可通过每周关闭一次下料管的方式，将料槽清空（图5-35），彻底检查是否有霉料并清除掉，以便提高饲料卫生。注意一定要保证在再次打开饲料管时，空料间隔的时间尽量短。同时也要每天检查料车有无湿料或霉料，每周至少清空一次料车并做彻底清洗。

4.饲料预算

生产中通常会提前做好饲料预算，用于控制每个生产阶段用料成本（表5-4）。饲料预算的目的是保证每头猪所用的饲料量在预算浮动（±5%）范围内，避免喂料过多或过少。

在系统限制的范围内，饲养员必须找到可灵活分配饲料的方法，使不同栏得到不同量的饲料。例如：体重、日龄较大的猪分到比平均料量多的教槽料，额外多的教槽料给日龄、体重较小的猪，保证它们在较长的时间里一直能吃到教槽料。

5.饲料外溢

料塔周围溢出（图5-36）的饲料会引来鸟雀、虫害，从而引起保育舍的健康问题，因此一发现饲料外溢就要立即清理掉。保育舍阶段的饲料成本都比较高，故应把保育舍溢出的未污染的饲料放进饲料车或料槽，但对于湿的或严重污染的饲料直接清理掉即可（图5-37）。

表5-4　饲料预算消耗量

猪的体重/千克	每头猪采食量/千克	饲料类型
6~9	4	开口料
9~15	10	保育前期料
15~25	18	保育后期料
25~45	43	生长期料
45~65	50	育肥期料
65~85	58	育肥期料
85~105	65	育肥期料

图5-37　料槽饲料溢出

图5-36　料塔饲料溢出

三、如何饲喂

1. 物料准备

保育育肥猪饲喂物料如图5-38所示，包括新鲜且干净的饲料、料车、料铲、保育育肥阶段猪饲喂标准表（表5-5）。

图5-38　饲喂所需物料

图5-39　旧料发霉

图5-40　猪只拥挤，打斗

2. 操作程序

（1）首先检查饲料的外观、气味，是否发霉、发热，检查包装及生产日期（图5-39）。

（2）用人工添加或者料线饲喂的方式给料，将料均匀地分布在料槽内。

（3）根据料槽的"五五管理原则"调整料槽下料口，保证猪群自由采食。

（4）每日观察猪的采食行为。若出现拥挤或在料槽周围打斗的现象（图5-40），表明槽内饲料不足，则适当调大缝隙；若饲料涌进料槽，则根据饲料颗粒大小稍稍减小缝隙。

（5）每天清除槽内被粪、尿污染的饲料（图5-41），低于标准或发霉的饲料。

（6）每周关闭下料管，料槽空料一次，并对料槽进行清理。

（7）最好每月空一次料塔，或者尽可能经常的空一次料塔，清理料塔内霉变饲料。

（8）若喂料系统中有剩余饲料，必须在换料前或者转猪之后清理掉。

a. 粪便污染

b. 尿液污染

图5-41　未清理的料槽

表5-5 保育育肥阶段饲喂标准表（参考）

周	天数	周末体重/千克	日增重/千克	周增重/千克	日消耗料/千克	周消耗料/千克	总消耗料/千克	出栏所需料/千克	所需面积/平方米
0	0	1.45	0	0	0	0	0	249.98	
1	7	2.3	0.12	0.85	0	0	0	249.98	
2	14	4	0.24	1.7	0.01	0.07	0.07	249.88	
3	21	5.9	0.27	1.9	0.02	0.14	0.21	249.74	
4	28	7.9	0.29	2	0.21	1.47	1.69	248.27	
5	35	10.1	0.31	2.2	0.36	2.52	4.2	245.75	
6	42	12.9	0.4	2.8	0.51	3.57	7.77	242.18	0.24
7	49	16.3	0.49	3.4	0.69	4.83	12.6	237.35	0.25
8	56	20.3	0.57	4	0.8	5.61	18.21	231.74	0.27
9	63	25	0.67	4.7	0.96	6.73	24.94	225.01	0.29
10	70	29.8	0.69	4.8	1.14	7.99	32.93	217.02	0.31
11	77	34.7	0.7	4.9	1.36	9.52	42.45	207.5	0.35
12	84	39.75	0.72	5.05	1.55	10.86	53.31	196.64	0.4
13	91	44.95	0.74	5.2	1.76	12.32	65.63	184.32	0.45
14	98	50.3	0.76	5.35	1.95	13.63	79.26	170.69	0.5
15	105	55.8	0.79	5.5	2.16	15.12	94.38	155.57	0.55
16	112	61.45	0.81	5.65	2.4	16.8	111.18	138.77	0.6
17	119	67.3	0.84	5.85	2.64	18.48	129.69	120.29	0.65
18	126	73.45	0.88	6.15	2.9	20.31	150	99.98	0.7
19	133	79.95	0.93	6.5	3.16	22.12	172.09	77.86	0.75
20	140	86.85	0.99	6.9	3.43	23.99	196.11	53.87	0.8
21	147	94.15	1.04	7.3	3.71	25.97	222.08	27.9	0.85
22	154	101.45	1.04	7.3	3.98	27.9	249.98	0	0.9

注：1. 周末体重：每周日称量的猪的体重。
　　2. 所需面积：每头猪饲养所占用的面积。
　　3. 简单日饲喂量计算方法：小猪，体重×5%；中猪，体重×4%；大猪，体重×3%。

3. 注意饲料过渡

当更换饲料类型时，应该逐渐过渡，实行3天制（表5-6）。

若即将要换饲料了，但个别栏内的猪太小，不适合换料，则提高下料管，增加槽内饲料量，使猪吃料的时间长一些。

表5-6　饲料更换过渡表

日期/天	旧料比例	新料比例
1	2/3	1/3
2	1/2	1/2
3	1/3	2/3
4	0	1